高等学校"十三五"规划教材

HUHUANXING YU CELIANG JISHU
JICHU SHIYAN ZHIDAOSHU

互换性与测量技术基础实验指导书

主　编　李玉甫　王国滨

副主编　彭景云　李志强　李　闯

主　审　岳彩霞

U0222777

哈尔滨工业大学出版社
HARBIN INSTITUTE OF TECHNOLOGY PRESS

内 容 简 介

本书是为互换性与测量技术基础课程编写的实验指导书。

本书主要内容包括:检测基础知识及孔轴测量、形状和位置误差测量、表面粗糙度测量、锥度测量、圆柱螺纹测量、圆柱齿轮测量、典型机械零件精度检测共 21 个实验,并附有实验报告。

本书可作为高等院校机械类各专业本、专科生的实验教材,也可作为成人教育机械类专业本、专科生的实验教材。

图书在版编目(CIP)数据

互换性与测量技术基础实验指导书/李玉甫,王国滨主编.—哈尔滨:
哈尔滨工业大学出版社,2019.7(2022.1 重印)
ISBN 978 - 7 - 5603 - 8259 - 3

Ⅰ.①互… Ⅱ.①李…②王… Ⅲ.①零部件-互换性-实验-
高等学校-教学参考资料②零部件-测量-实验-高等学校-
教学参考资料 Ⅳ.①TG801 - 33

中国版本图书馆 CIP 数据核字(2019)第 101801 号

责任编辑　许雅莹
封面设计　卞秉利
出版发行　哈尔滨工业大学出版社
社　　址　哈尔滨市南岗区复华四道街 10 号　邮编 150006
传　　真　0451 - 86414749
网　　址　http://hitpress.hit.edu.cn
印　　刷　黑龙江艺德印刷有限责任公司
开　　本　787mm×1092mm　1/16　印张 10　字数 225 千字
版　　次　2019 年 7 月第 1 版　2022 年 1 月第 2 次印刷
书　　号　ISBN 978 - 7 - 5603 - 8259 - 3
定　　价　19.80 元

前　言

　　互换性与测量技术基础课程是机械类各专业重要的技术基础课,而实验课是本课程的重要教学环节。通过实验课,学生可以熟悉有关几何量测量的基础知识、测量方法及常用计量器具的使用方法,同时巩固在课堂上的所学内容,培养基本的操作技能和动手能力。

　　本书参考了赵熙萍编写的《机械精度设计与检测基础实验指导书》、徐宏兵编写的《几何量公差与检测实验指导书》、刘品编写的《机械精度设计与检测基础》、姚彩仙编写的《互换性与技术测量实验》,并结合工程认证需要编写而成。本书包含了检测基础知识及孔轴测量、形状和位置误差测量、表面粗糙度测量、锥度测量、圆柱螺纹测量、圆柱齿轮测量、典型机械零件精度检测 7 类实验、共有 21 个实验,并附有实验报告。各院校可根据具体的设备条件和不同专业的教学要求,选做本书中的部分实验。

　　本书由哈尔滨理工大学李玉甫、哈尔滨市总工会职工技术协作服务中心王国滨主编。检测基础知识、实验 1、实验 6 和实验 7 由哈尔滨理工大学李玉甫编写,实验 2 由黑龙江大学彭景云编写,实验 3 由黑龙江省轻工业技工学校李志强编写,实验 4 由黑龙江职业学院李闯编写,实验 5 和实验报告由哈尔滨市总工会职工技术协作服务中心王国滨编写。全书由李玉甫、王国滨统稿,黑龙江工程学院岳彩霞主审。

　　由于时间和水平所限,书中难免有疏漏和不足,欢迎读者批评指正!

编　者

2019 年 3 月

目　　录
CONTENTS

实验 6　圆柱齿轮测量

实验 7　典型机械零件精度检测

学 生 实 验 守 则

1. 实验前必须认真预习实验内容,明确实验目的、原理、方法和步骤,准备接受指导教师提问,没有预习或提问不合格者,须重新预习,方可进行实验。

2. 学生必须按规定的时间参加实验课,不得迟到早退或无故缺课。

3. 学生进入实验室必须衣着整洁,保持安静,遵守实验室各项规章制度,严禁高声喧哗、吸烟、随地吐痰或吃零食,不得随意动用与本实验无关的仪器。

4. 实验准备就绪后,须经指导教师检查同意,方可进行实验。实验中应严格遵守仪器设备操作规程,认真观察和分析现象,如实记录实验数据,独立分析实验结果,认真完成实验报告,不得抄袭他人实验结果。

5. 实验中要爱护实验仪器设备,注意安全,节约水、电、药品、试剂、元件等消耗材料,凡违反操作规程或不听从指挥而造成事故、损坏仪器设备者,必须写出书面检查,并按学校有关规定赔偿损失。

6. 实验中若发生仪器故障或其他事故,应立即切断相关电源、水源等,停止操作,保持现场,报告指导教师,待查明原因或排除故障后,方可继续进行实验。

7. 实验完毕后,应及时切断电源,关好水源、气源,将所用仪器设备、工具等进行清理和归还,经指导教师同意后,方可离开实验室。

8. 应按实验要求及时、认真完成实验报告。凡实验报告不符合要求者,须重做实验;实验成绩考核不及格者,不能参加本门课程考试。

检测基础知识

一、量块的使用与保养

量块是一种无刻度的标准端面量具,在长度计量中作为实物标准。它是单值量具,是以两相互平行的测量面之间的距离来决定其工作长度的一种高精度量具,用以体现测量单位,并作为尺寸传递的媒介。其广泛用于检定和校准计量器具,比较测量时用来调整仪器零位,也可以用它直接测量,还可以用于机械加工中的精密划线和精密机床的调整。

量块的形状为长方六面体,在这个六面体中有两个相互平行且极为光滑平整的测量面,两个测量面之间具有精确的工作尺寸,这个工作尺寸就是两测量面之间的垂直距离。量块是按照一定的尺寸系列成套生产的,国家标准规定,量块共有 17 种套别,要根据实际情况来选取。

量块的精度可按级或等来划分。若按级划分有 00、0、k、1、2、3 共 6 级,其中 00 级精度最高,其他级别精度依次下降;若按等划分有 1、2、3、4、5、6 等,1 等精度最高,6 等最低。

量块的使用有两种情况,一种是按等使用,另一种是按级使用。按等使用时,使用的是量块的实际尺寸,用于精密测量;按级使用时,使用的是量块的标称尺寸,用于一般测量。

量块是单值量具,一个量块只代表一个尺寸。量块的标称尺寸通常是标在非工作表面上,且数字的右侧是上测量面,左侧是下测量面。但是小于 6 mm 的量块,其标称尺寸标在上测量面。在用量块组成尺寸时,首先要从尺寸的最后一位数开始,依次递减。例如:

$$
\begin{array}{ll}
38.895 & \cdots\cdots\cdots\cdots\cdots\text{所需量块尺寸} \\
\underline{-1.005} & \cdots\cdots\cdots\cdots\cdots\text{第一块量块尺寸} \\
37.89 & \\
\underline{-1.39} & \cdots\cdots\cdots\cdots\cdots\text{第二块量块尺寸} \\
36.5 & \\
\underline{-6.5} & \cdots\cdots\cdots\cdots\cdots\text{第三块量块尺寸} \\
30 & \cdots\cdots\cdots\cdots\cdots\text{第四块量块尺寸}
\end{array}
$$

把这 4 个量块从量块组里找出来,用航空汽油将测量面擦洗干净,用一个量块的上测量面与另一个量块的下测量面研合,使它们吸附在一起,或装在量块架中。在组装量块时,为了减小误差,量块的块数一般不能多于 4 块。

二、检测常用术语和基本概念

1. 测量方法

①绝对测量。直接在计量器具的读数装置上读取被测量的全值。例如用千分尺、测

长仪等测量工件的尺寸。

②相对测量。在计量器具的读数装置上只能读取被测量与已知标准量的偏差值。例如用光学比较仪测量塞规,先按塞规的基本尺寸组合量块,将光学比较仪调零,然后换上塞规进行测量,此光学比较仪读出的值是塞规的实际值与量块标准值的差,而塞规实际尺寸应为量块标准值与光学比较仪示值的代数和。

③直接测量。在计量器具上能直接测量出被测量的全值或相对于标准量的偏差。例如用游标卡尺测量轴径。

④间接测量。测量与被测量有函数关系的其他量,再通过函数关系式求出被测量。

⑤接触测量。计量器具的测头与被测工件表面接触。例如用便携式表面粗糙度检查仪测量表面粗糙度。

⑥非接触测量。计量器具的测头与被测工件表面不接触。例如用光切显微镜测量表面粗糙度。

2.计量器具的基本技术指标

①分度值。计量器具的刻尺或度盘上两相邻刻线所代表的被测量值。例如千分尺微分筒上的分度值为 0.01 mm,分度值越小,其精度越高。

②刻度间距。量具刻度尺或刻度盘上两相邻刻线的中心距离为刻度间距。

③示值范围。计量器具所指示或现实的最低值到最高值的范围。

④测量范围。计量器具在允许误差范围内,能够测得零件的最低值到最高值范围。

⑤灵敏度。计量器具示数装置对被测量变化的反应能力。

⑥测量力。测量过程中,计量器具与被测表面之间的接触力。在实际测量中,希望测量力为大小适合的恒定值,否则示值不稳定。

⑦示值误差。计量器具示值与被测量真值之间的差值,其数值的大小可由仪器的使用说明书查得。

三、仪器的维护与保养

检测仪器和量具应安装在远离有灰尘、振动、腐蚀气体、潮气的地方,室内最好恒温,温度在 20 ℃左右,相对湿度最好不超过 60%,否则仪器量具容易生霉。

仪器应保持清洁,特别是光学零件、测微螺杆、导轨。注意:在清洁时只允许擦拭裸露在外边的零件,不可随意触动仪器上没有相对运动的零部件。

清洁仪器零件时,可用清洁脱脂软毛笔除去上边的灰尘,然后用汽油清拭,并用洁净的软细布蘸上酒精拭擦,最后用脱脂棉擦干。注意:光学镜头应尽量减少擦拭,以免光学表面受到破坏。

使用完毕的仪器和量具,应及时清洁有关零部件,如长期不用,可涂一层无酸凡士林,装入箱内保存起来。

实验 1　孔轴测量

实验 1.1　用立式光学比较仪测量塞规

一、实验目的

(1)了解立式光学比较仪的测量原理与操作方法。
(2)掌握量规的设计方法。
(3)掌握数据处理方法和合格性判断的原则。

二、实验仪器及工作原理

1. 实验仪器简介

立式光学比较仪是一种精度较高而结构简单的常用光学仪器,用量块作为长度基准,按相对测量法来测量各种工件的外尺寸。通常用来检测精密的轴类、量规以及五等和六等的量块。

常见的立式光学比较仪有刻线尺式、投影式及数显式三种结构,前两种的工作原理基本相同,我们以刻线尺式和数显式为例介绍它们的结构。

(1)刻线尺式立式光学比较仪。

图 1.1 为立式光学比较仪的外形图,它由底座 1、升降螺母 2、支臂 3、支臂紧固螺钉 4、立柱 5、直角光管 6、光管微动手柄 7、光管紧固螺钉 8、测头提升器 9、测头 10、工作台 11 等部分组成。

仪器的主要技术规格如下:
分度值　　0.001 mm
示值范围　±0.1 mm
测量范围　0～180 mm
示值误差　±0.3 μm

(2)数显式立式光学比较仪。

图 1.2 为 JDG–S1 数显式立式光学比较仪外形图,它由底座 1、升降螺母 2、横臂紧固螺钉 3、横臂 4、电缆 5、立柱 6、微动螺钉 7、光学计管 8、微动紧固螺钉 9、光学计管紧固螺钉 10、提升器 11、测帽 12、可调工作台 13、方工作台安置螺孔 14、数显窗 15、中心零位指示 16、置零按钮 17、电源插座 18 和电缆插座 19 等部分组成。

仪器的主要技术规格如下:
分度值　　0.000 1 mm

示值范围（相对于中心零位）　≥0.1 mm

测量范围　0～180 mm

示值误差（相对于中心零位）　±0.000 25 mm

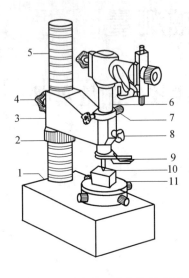

图1.1　立式光学比较仪的外形图

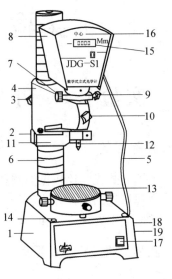

图1.2　JDG-S1 数显式立式光学比较仪外形图

2. 工作原理——光学杠杆放大原理

刻线尺式立式光学比较仪是利用光学杠杆放大原理进行测量的,其光学系统如图1.3所示。

照明光线通过反射镜1及三角棱镜2照亮位于分划板3左半部的标尺4(共200格,分度值为0.001 mm),再经直角棱镜5及物镜6后变成平行光束(分划板3位于物镜6的焦平面上),此光束被反射镜7反射回来,再经物镜6、棱镜5在分划板3的右半部形成标尺像。分划板3右半部上有位置固定的指标尺8,当反射镜7与物镜6平行时,分划板左半部的标尺与右半部的标尺像上下位置对称,指标尺8正好指向标尺像的零刻线,如图1.4(a)所示。当被测尺寸变化,使测杆10推动反光镜7绕其支承转过某一角度时,则分划板上的标尺像将向上或向下移动一相应的距离 t,如图1.4(b)所示。此移动量为被测尺寸的变动量,可按指示所指格数及符号读出。

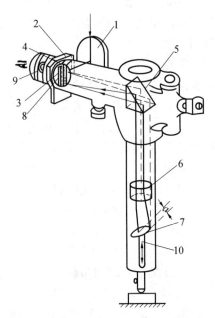

图1.3　刻线尺式立式光学比较仪的光学系统

光学杠杆放大原理如图1.5所示。s 为被测尺寸变动量,t 为标尺像相应的移动距离,物镜及分划板刻线面间的距离 F 为物镜焦距,该测杆至反射镜支承之间的距离为 a,

则放大比 K 为

$$K = \frac{t}{s} = \frac{F \cdot \tan 2\alpha}{a \cdot \tan \alpha}$$

式中　　F—— 物镜焦距；

　　　　a—— 测杆与支点间的距离。

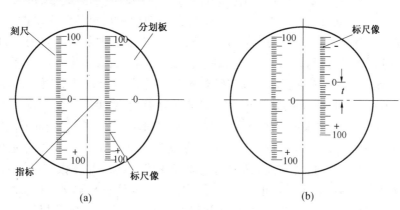

图 1.4　分划板影像示意图

由于 α 角一般很小，可取 $\tan 2\alpha = 2\alpha$，$\tan \alpha = \alpha$，所以

$$K = \frac{2F}{a}$$

一般光学比较仪物镜焦距 $F = 200 \text{ mm}$，$a = 5 \text{ mm}$，则放大比 $K = 80$。用 12 倍目镜观察时，标尺像又放大 12 倍，因此总放大比 n 为

$$n = 12K = 12 \times 80 = 960$$

当测杆移动 0.001 mm 时，在目镜中可见到 0.96 mm 的位移量。由于仪器的刻度尺刻度间距为 0.96 mm，即这个位移量相当于刻度尺移动一个刻度距离，所以仪器的分度值为 0.001 mm。

数显式立式光学比较仪读数原理与刻线尺式立式光学比较仪有所不同，它是采用光栅刻线尺传感器及数字信号处理系统将测头的移动量转化为数字并由显示屏显示出来，因此测量结果更为直观，提高了测量精度和测量效率。

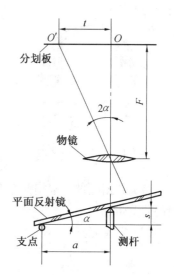

图 1.5　光学杠杆放大原理图

三、实验步骤

以刻线尺式立式光学比较仪为例说明其实验步骤（参阅图 1.1）。

（1）熟悉仪器的结构及工作原理。

（2）根据被测塞规的基本尺寸及公差等级，查光滑极限量规公差表，确定塞规的通规、止规的公差并画出公差带图。

（3）选择测帽。测平面或圆柱面用球形测帽；测直径小于 10 mm 的圆柱面用刀口形测帽;测球面用平测帽。

（4）按被测塞规的基本尺寸组合量块组（用4等量块），选好的量块用脱脂棉浸汽油清洗，再经干脱脂棉擦净后研合在一起，并将其放在工作台上。

（5）调节零位。

①粗调。松开紧固螺钉4，转动粗调螺母2，使测头10与量块上测量面中心点慢慢靠近，待两者极为靠近时（留出约0.1 mm的间隙，切勿接触），将螺钉4锁紧。

②精调。松开螺钉8，转动光管微动手柄7，观察目镜视场，直至移动着的标尺像处于零位附近时，再将螺钉8锁紧。若标尺像不清晰，可调节目镜视度环。

③微调。转动微调轮使标尺像准确对准零位（见图1.6），然后用手轻轻按压测头提升器9二至三次，以检查零位是否稳定。若零位略有变化，可转动微调轮再次对零。

（6）测量。按压测头提升器9，抬起测头，取出量块，再将被测量规的通规置于工作台上，按图1.7所要求的部位进行测量。可先将被测量规上Ⅰ、Ⅱ、Ⅲ点靠近测头，并使其从测头下慢慢滚过，由目镜中读取最大值（即读数转折点），此读数就是被测尺寸相对量块尺寸的偏差。读数时应注意正、负号。用同样的方法测量相隔90°的各条素线上的Ⅰ、Ⅱ、Ⅲ点。共测量3条素线上的6个点，并将测量结果依次记入实验报告中。测量止规用同样的方法。

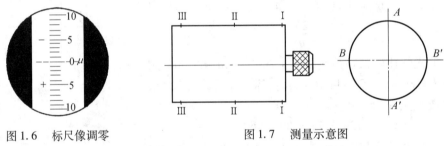

图1.6　标尺像调零　　　　　　　图1.7　测量示意图

（7）数据处理。根据测量数据判断塞规通端、止端是否合格，画出被测塞规通规、止规的公差带图。

（8）实验完毕，整理现场，完成实验报告。

思考题

1. 立式光学比较仪能否测量内径？
2. 量块在使用中的注意事项有哪些？
3. 分析实验产生的误差。

实验 1.2　　用万能测长仪测量轴径

一、实验目的

（1）了解万能测长仪的结构与基本原理。

（2）掌握仪器的调整和读数方法。

（3）掌握数据处理方法。

二、实验仪器及工作原理

1. 仪器简介

测长仪是一种通用光学仪器，有立式和卧式两种。立式测长仪一般采用绝对测量法测量各种零件的外尺寸；卧式测长仪（万能测长仪）可以测量外尺寸，也可以测量内尺寸。本实验以万能测长仪（JD15）测量轴径为例说明其结构与原理。

万能测长仪（JD15）的外形图如图 1.8 所示，由以下几部分构成：目镜 1、读数显微镜 2、紧固螺钉 3、阿贝测量头 4、测量轴 5、万能工作台 6、尾管 7、尾管紧固螺钉 8、尾座 9、底座 10、工作台回转手柄 11、工作台摆动手柄 12、手轮紧固螺钉 13、升降手轮 14、微分筒 15、支架 16。

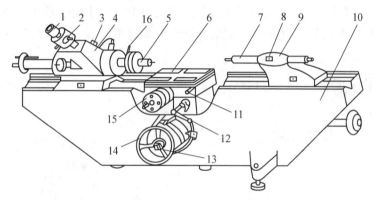

图 1.8　万能测长仪的外形图

主要技术规格如下：

① 测量范围：外尺寸测量（用顶针架时）　0 ～ 180 mm

内尺寸测量　10 ～ 200 mm

直接测量范围　0 ～ 100 mm

② 分度值：读数显微镜　0.001 mm

工作台微分筒　0.01 mm

测量压力（一般情况）　150 g 或 250 g

③ 仪器误差：外尺寸测量　$\pm(1.5 + L/100)\mu m$

内尺寸测量　$\pm(2 + L/100)\mu m$

2. 工作原理

万能测长仪是按照阿贝原理设计的，如图 1.9 所示。它由读数显微镜 1、精密刻线尺 2、测量轴 3、主轴测头 4、被测件 5、尾管测头 6、尾管 7、尾座 8 和工作台 9 等部分组成。

被测尺寸在精密刻线尺 2 轴线的延长线上，刻线尺与测量轴一起移动，就形成了被测长度与精密刻线尺进行比较，从而确定出被测长度的量值，这个数值用平面螺旋线的原

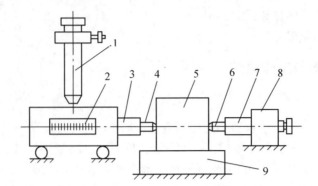

图 1.9　万能测长仪的测量原理图

理读出。

　　在测量过程中,嵌有精密刻线尺的测量轴 3 随着被测尺寸的大小在测量轴承座内做相应的滑动,当测量头接触被测工件后,测量轴停止滑动,其光学系统如图 1.10(a) 所示。它由目镜 1、手轮 2、圆分划板 3、固定分划板 4、物镜组 5、精密刻线尺 6、透镜 7、光阑 8、光源 9 等部分组成。

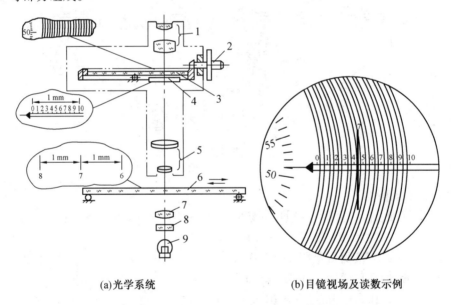

　　　　(a)光学系统　　　　　　　　(b)目镜视场及读数示例

图 1.10　读数显微镜的光学系统和目镜视场

　　在精密刻线尺 6 上有 100 格,其分度值为 1 mm,这个尺为毫米刻线尺,其数值在目镜里直接读出。读数显微镜目镜中有一个固定分划板 4,它的上边刻有 10 个相等距离的刻线,其分度值为 0.1 mm,这个尺为 0.1 mm 刻线尺。在固定分划板 4 附近有一个圆分划板 3,通过手轮 2 可以使其转动,在圆分划板 3 上刻有 10 圈平面双螺旋线,双螺旋线的螺距与固定分划板 4 的刻线间距相同,其分度值也是 0.1 mm。在圆分划板 3 的中央,有一圈等分为 100 格的圆周刻度,借助手轮转动圆分划板一周时(其上的圆周有 100 个格),平面螺旋线沿径向移动了一个螺距,即 0.1 mm。若圆周刻线只转过一个格,平面螺旋线沿径向移动的位移为 0.001 mm,这个分划板为微米度盘。

因此,当圆分划板 3 回转的位置确定后,双螺旋线沿径向的位移量可由圆周刻度转过的格数确定,这就是平面螺旋线原理。

读数方法如下:

从目镜视场中可以看到毫米刻线尺、0.1 毫米刻线尺和微米度盘三者重合的像。不过在视场中只能看到毫米刻线尺和微米度盘的一小部分,如图 1.10(b) 所示。

第一步先读毫米数,从目镜视场中可以看到某一毫米刻线落在0.1毫米刻线尺的0~10 的范围内,在图 1.10(b) 中 7 mm 刻线位于此范围内,所以应读作 7 mm。

第二步要读出十分之一毫米数。由图1.10 (b) 可看出,7 mm 刻线落在0.1毫米刻线尺的 4 和 5 之间,所以应读作 0.4 mm。

第三步为了读出百分之一和千分之一毫米的读数,需转动图 1.10(a) 所示的手轮 2,使微米度盘回转,此时在目镜视场中可以看到双螺旋线沿测量轴方向移动。当某一双刻线移至恰好夹住了毫米刻线,并使毫米刻线在双刻线正中央时,应停止转动手轮,此时由固定分划板上的箭头所指的圆周刻度的格数读出微米读数。例如,图 1.10(b) 指示箭头指在 51 处,故该例中的整个读数应为 7 + 0.4 + 0.051 = 7.451 mm。

三、实验步骤

(1) 熟悉仪器的结构原理。

(2) 选择测帽,测平面或圆柱面用球形测帽;测小于 10 mm 的圆柱面用刀口形测帽;测球面用平测帽。

(3) 仪器的调整。接通电源,调整目镜,使视场内刻线成像清楚。松开测量轴 5 上的紧固螺钉 3,移动测量轴同时转动手轮 2 使其圆分划板 3 和固定分划板 4 上的刻度同时指零;再松开尾管紧固螺钉,移动尾管,使测量轴上的测帽与尾管上的测帽充分接触后固定尾管的位置,此时尾管上测帽的位置为测量的基准(测量起始点)。

(4) 测量轴径。将被测工件放在测长仪工作台上,工件在工作台的装卡有两种形式,当工件直径大于测量轴的直径时,可以直接放到工作台上;若只带有中心孔的工件,可直接装在工作台上的顶尖支架上,其直径的大小可不受测量轴的限制。将工件装卡完毕后,转动工作台回转手柄,到其工件轴线与测量轴线相垂直的位置,松开测量轴 5 上的紧固螺钉 3,测量轴在重锤的作用下缓慢地与工件相接触,当尾管上的测帽、工件、测量轴的测帽相接触后,在读数显微镜里就可以读出工件直径的大小。在测量时要在轴径的不同部位进行测量,方法与测量塞规相同。把测得的数据记录在实验报告中。

(5) 实验完毕,整理现场,完成实验报告。

思考题

1. 试述相对测量和绝对测量的区别。

2. 在测量内尺寸时应注意哪些问题?

3. 标准环与量块组的作用有何区别?

实验 1.3　　用内径指示表测量孔径

一、实验目的

（1）了解内径指示表的结构与测量原理。

（2）掌握内径指示表的调零及测量方法。

（3）了解量块及其附件的使用方法。

二、实验仪器及工作原理

1. 仪器简介

内径指示表是测量孔径的通用量具,使用相对测量法测量内径,是以量块或标准圆环作为测量基准来对被测量进行比较,得出被测量与基准的差值,它特别适用于深孔的测量。内径指示表是按照一定的尺寸系列制造的,每一个内径指示表都有一个固定的测量范围,可根据被测尺寸的大小来选,在一个测量范围内配有一套固定测头以备选用。

本实验内径指示表的技术规格如下:

分度值　　0.01 mm

示值范围　　0 ~ 5 mm

测量范围　　50 ~ 100 mm

2. 工作原理

图 1.11 是内径指示表结构示意图,结构包括:活动测量头 1、可换固定测量头 2、三通管 3、管子 4、指示表 5、活动杠杆 6、直角杠杆 7、定心护桥 8、弹簧 9 等部分。当活动测量头发生位移时,推动直角杠杆 7 产生回转运动,通过它推动活动杠杆 6,带动指示表 5 的测量杆上下移动,从而使指示表指针转动,指示出读数。

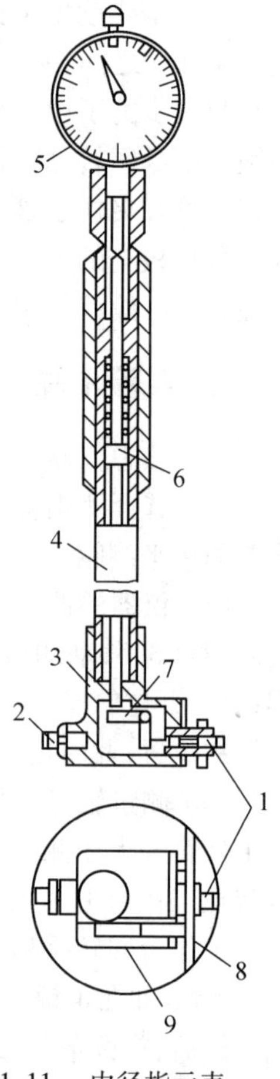

图 1.11　内径指示表
结构示意图

三、实验步骤

（1）预调整。

① 将内径指示表装入量杆内,预压缩 1 mm 左右(指示表的小指针指在 1 的附近)后锁紧。

② 根据被测零件基本尺寸选择适当的固定测头装入量杆的头部,用专用扳手扳紧锁紧螺母。此时应特别注意固定测量头与活动测量头之间的长度须大于被测尺寸 0.8 ~ 1 mm,以便测量时活动测量头能在基本尺寸的正、负一定范围内自由运动。

（2）对零位。因内径指示表是相对法测量的器具,故在使用前必须用其他量具根据被测件的基本尺寸校对内径指示表的零位。

① 按被测零件的基本尺寸组合量块,并装夹在量块夹中。

② 将内径指示表的两测头放在量块夹的两量脚之间,摆动表杆使指示表微微地摆动,当指示表指针回转到转折点(最小示值)时,这表示测头与量块夹的量爪表面垂直。此时可转动指示表的滚花环,将刻度盘的零刻线转到指针的转折点,这时零位已调好。

(3) 测量孔径。将调整好的内径指示表的活动测头和定心护桥轻轻压入被测孔径中,然后再将固定测头放入。当测头达到指定的测量部位时,将表微微在轴向截面内摆动(见图 1.12),读出指示表最小读数(指针转折点)。该读数为内径局部实际尺寸与基本尺寸的偏差。

测量时要特别注意该实际偏差的正、负符号:当表针按顺时针方向未达到零点的读数是正值,当表针按顺时针方向超过零点的读数是负值。

按图 1.13 所示,在孔径向的三个截面及每个截面相互垂直的两个方向上,共测 6 个值,将数据记入实验报告,按孔的验收极限判断是否合格。

(4) 实验完毕,整理现场,完成实验报告。

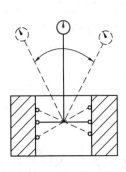

图 1.12　测量示意图

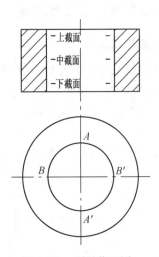

图 1.13　测量位置图

思考题

1. 在测量和对零位时,为什么内径指示表要摆动?

2. 用内径指示表测量孔径有何优缺点?

实验 2　　形状和位置误差测量

实验 2.1　　用自准直仪测量平尺的直线度误差

一、实验目的

（1）了解自准直仪的工作原理和操作方法。

（2）掌握自准直仪测量直线度误差的方法及数据处理方法。

二、实验仪器及工作原理

1. 实验仪器简介

自准直仪又称平面度检查仪,它是一种机构简单、体积小、精度高、使用方便的光学仪器,利用它可以对小角度的变化进行测量,配备不同的附件可进行直线度、平面度、垂直度和平行度误差的测量。仪器的结构如图 2.1 所示,它是由刻度鼓轮 1、目镜 2、可动分划板 3、固定分划板 4、螺钉 5、十字分划板 6、滤光片 7、光源 8、棱镜 9、物镜 10 等部分构成了仪器本体以及由反射镜 11、板桥 12 构成了反射镜座。

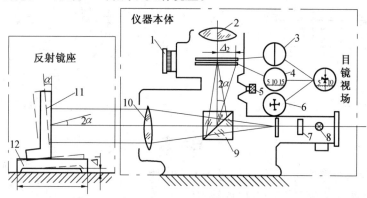

图 2.1　自准直仪的结构与光学系统图

仪器的主要技术规格如下:

分度值　　1″ 或 0.005 mm/m

示值范围　　±500″

测量范围(被测长度)　　约 5 m

2. 工作原理

用自准直仪测量平尺的直线度是利用自准直仪的理想直线与平尺的实际要素相比较,用节距法测量,从而得到平尺的直线度误差。

由自准直仪光学系统图 2.1 可知,由光源 8 发出的光线照亮了位于物镜 10 的焦平面上带有一个十字刻线的分划板,并通过立方棱镜 9 及物镜 10 射出平行光束,该光束投射到反射镜 11 后被反射回来,进入平行光管,穿过物镜 10 投射到立方棱镜 9 上,光束在棱镜 9 对角面向上反射到分划板 3 和 4 上(两个分划板皆位于物镜 10、目镜 2 的焦平面上),并成像,这样在目镜视场中可以同时看到指标线、刻度线及十字刻线的影像。

如果反射镜 11 的镜面与主光轴垂直,则光线由原路返回,在分划板 4 上形成十字影像,该影像的位置可以通过鼓轮 1 和分划板 4 的刻度确定,这个位置作为测量的基准。若移动反射镜后,镜面与主光轴不垂直,目镜中看到的影像位置发生了位移,这个位移的大小也可以通过鼓轮 1 和分划板 4 的刻度确定,因此找到此轮廓线相对理想直线的变动量。

在实际使用中,仪器的本体一般安放在一个水平调节板上,通过它可以调整反射镜与主光轴的垂直度,这个过程为仪器的找像过程。

3. 读数方法

自准直仪的分度值是指鼓轮 1 上的刻度,读数要以它为单位进行。鼓轮一周有 100 个格,其转动一周,可动分划板 3 上的指标线在固定分划板 4 上移动一个刻度,即鼓轮上的 100 个格,如图 2.2(a) 其读数应为 1 000 格,而图 2.2(b) 的读数应为 820 格。

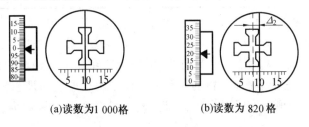

(a)读数为1 000 格   (b)读数为 820 格

图 2.2   读数示意图

仪器的角分度值为 1″,即每小格代表 1″,故可容易地读出倾斜角 α 的角度值。为了能直接读出桥板与平尺两接触点相对于主光轴的高度差 Δ_1 的数值(见图 2.1),可将格值用线值表示。此时,线分度值与反射镜座(桥板)的跨距有关,当桥板跨距为 100 mm 时,则分度值恰好为 0.000 5 mm (即 100 mm × tan 1″ = 0.000 5 mm)。

三、实验步骤

(1) 熟悉自准直仪的工作原理和操作方法。

(2) 在被测平尺上按照板桥的跨距进行分段。

(3) 调整仪器的起始位置。

首先根据仪器上的水平仪把仪器本体和反射镜座调平,注意鼓轮 1 的刻度为零,反射镜座的侧面应固定,通过水平调节板上的调整螺母把反射镜与主光轴调整垂直,这个过程为仪器的找像过程,以这个点为起始点开始测量。

（4）以起始点按照板桥的跨距进行分段连续测量，依次记录数据至要求的位置并进行连续回测，取两次测量的平均值再记录下来。

（5）将测量结果进行数据处理，用作图法求直线度误差。

（6）实验完毕，清理现场，完成实验报告。

四、数据处理方法

形状误差是被测实际要素的形状对其理想要素形状的变动量，为了使测量值具有唯一性和准确性，国家标准规定：最小条件是评定形状误差的基本准则，但在实际使用中有时按此条件判断有困难，此时也可以用两端点连线法。

例：测量平尺长度 1 000 mm，板桥的跨距为 100 mm，将测量平尺分成 10 段，测量的值见表 2.1。

表 2.1　　　　　　　　　　　　　　　　　　　　μm

测量点	0	1	2	3	4	5	6	7	8	9
顺测读数	0	− 8	+ 7	− 18	+ 32	− 28	− 17	− 19	+ 9	+ 10
回测读数	0	− 12	+ 13	− 22	+ 28	− 32	− 23	− 21	+ 11	+ 10
平均值	0	− 10	+ 10	− 20	+ 30	− 30	− 20	− 20	+ 10	+ 10
相对测点 1 的读数	0	0	+ 20	− 10	+ 40	− 20	− 10	− 10	+ 20	+ 20
累积值	0	0	+ 20	+ 10	+ 50	+ 30	+ 20	+ 10	+ 30	+ 50

作图求解时（见图 2.3），以横坐标为被测要素的长度，纵坐标为自准直仪读数的累积值，它们可按一定的比例绘制。用最小条件法就是在图中找到最低（或最高）两点作一条直线，依次在最低（或最高）点作其平行线，两平行线在纵坐标轴上的距离就是直线度误差（若用两端点连线法，就是以测得的误差曲线首尾两点连线为理想直线，作平行于该连线的二平行直线将被测的实际要素包容，此二平行直线的坐标距离为直线度误差）。

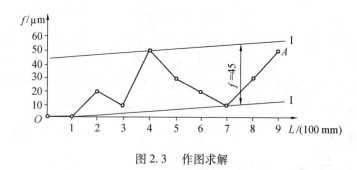

图 2.3　作图求解

思考题

1. 为什么要根据累积值作图？
2. 最小条件法与两端连线法产生的误差是否相同？

实验 2.2　平面度误差测量

一、实验目的

（1）了解平面度误差的测量原理及千分表的使用方法。

（2）掌握平面度误差的评定方法及数据处理。

二、实验仪器及工作原理

平面度公差用以限制平面的形状误差，其公差带是距离为公差值的两平行平面之间的区域，且"理想形状的位置应符合最小条件"。常见的平面度测量方法有用指示表测量、用光学平晶测量、用水平仪测量及用自准仪测量等。本实验介绍用指示表测量，主要仪器有：千分表、千分表架、基准平板、测量平板大小各一个。

用指示表进行测量，如图 2.4 所示。大平板为基准平板，精度较高，一般为 0 级或 1级。小平板为被测平板，按一定的方式布线，四周边缘留 10 mm，测量若干直线上的各点，再经适当的数据处理，统一为对某一测量基准平面的坐标值。

不管用何种方法，测量前都要在被测平面上画方格线（见图 2.4），并按所画线进行测量。

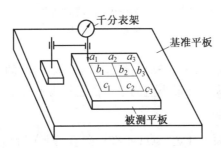

图 2.4　平面度误差测量示意图

三、实验步骤

（1）擦净大小平板，按图 2.4 的分布形式在小平板上画出方线，并进行编号。

（2）将带千分表的测量架放在平板上，并使千分表测量头垂直地指向被测零件表面，压表（千分表的小指针在 1 左右）并调整表盘，使指针指在零位。

（3）移动千分表架至各个测量点进行测量，记录数据。

（4）实验完毕，清理现场，完成实验报告。

四、数据处理方法

用各种不同的方法测得的平面度测值，应进行数据处理，然后按一定的评定准则处理测量值。平面度误差的评定方法有如下 3 种。

1. 最小包容区域法

由两平行平面包容实际被测要素时,实现至少 4 点或 3 点接触,且具有下列形式之一者,即为最小包容区域,其平面度误差值最小。最小包容区域的判别方法有下列三种形式。

(1) 三角形准则。有三点与一个包容平面接触,有一点与另一个包容平面接触,且该点的投影能落在上述三点连成的三角形内(见图 2.5(a))。

(2) 交叉准则。至少各有两点分别与两平行平面接触,且分别由相应两点连成的两条直线在空间呈交叉状态(见图 2.5(b))。

(3) 直线准则。有两点与一个包容平面接触,有一点与另一个包容平面接触,且该点的投影能落在上述两点的连线上(见图 2.5(c))。

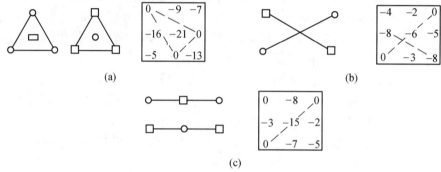

(a)　　　　　　　　　　　　　(b)

(c)

图 2.5　最小包容区域的判别
□— 低极点；○— 高极点

2. 对角线法

对角线法是通过被测表面的一条对角线作另一条对角线的平行平面,该平面即为基准平面。偏离此平面的最大值和最小值的绝对值之和为平面度误差。

3. 三点法

三点法从实际被测平面上任选三点(不在一条直线上) 所形成的平面作为理想平面,作平行该理想平面的二平行平面包容实际平面,二平行平面间的距离为平面度误差值。

用上述三种评定方法都需要将实际被测平面上各点对某测量基面的坐标值,转换为按上述三种评定方法确定的理想平面的坐标值,进行坐标变换时其平面的坐标值按图2.6所示规律变换,不影响实际被测平面的真实情况。根据判断准则列方程,求出 P、Q 值,按表 2.2 的规律可得到转换后各点相对理想平面的坐标值,这时,被测平面上的点符合原列方程准则,从而获得三种评定方法。

表 2.2　各测点的综合旋转量

0	P	$2P$	$3P$	…	nP
Q	$P+Q$	$2P+Q$	$3P+Q$	…	$nP+Q$
$2Q$	$P+2Q$	$2P+2Q$	$3P+2Q$	…	$nP+2Q$
$3Q$	$P+3Q$	$2P+3Q$	$3P+3Q$	…	$nP+3Q$
⋮	⋮	⋮	⋮		⋮
nQ	$P+nQ$	$2P+nQ$	$3P+nQ$	…	$nP+nQ$

例: 用打表法检验一小型平板所得数据(见表 2.3)按上述三种评定方法确定其平面度误差值。

解:(1)最小条件法。

根据表 2.3 测得原始坐标值分析,可暂估出三个低点(0,−9,−10)和一个高点(+20)构成三角形准则,根据准则按表 2.2 旋转方法,可得出两个方程式:

表 2.3	原始坐标值	μm
0	+ 4	+ 6
− 3	+ 20	− 9
− 10	− 3	+ 8

$$0 = - 10 + 2Q$$
$$- 9 + Q + 2P = - 10 + 2Q$$

解上面方程,可得 $Q = +5, P = +2$。

按表 2.2 旋转后可得到图 2.6 右图所示结果,按三角形准则的三高加一低(等值的三个低点 0 和一个最高点 +27),则平面度误差为

$$f_A = (+ 27) - 0 = 27 \text{(μm)}$$

0	+4+P	+6+2P
−3+Q	+20+P+Q	−9+2P+Q
−10+2Q	−3+P+2Q	+8+2P+2Q

$\Rightarrow$

0	+6	+10
+2	+27	0
0	+9	+22

图 2.6   最小条件法结果

(2)三点法。

任取三点(表 2.3 中 +4,−10,−9)按表 2.2 可列出下列两个方程式:

$$+ 4 + P = - 9 + 2P + Q$$
$$- 10 + 2Q = + 4 + P$$

解上面方程,可得 $P = +4, Q = +9$。

按表 2.2 旋转后可得到图 2.7 右图所示结果,按三点法可求得平面度误差为

$$f_A = (+ 34) - 0 = 34 \text{(μm)}$$

0	+4+P	+6+2P
−3+Q	+20+P+Q	−9+2P+Q
−10+2Q	−3+P+2Q	+8+2P+2Q

$\Rightarrow$

0	+8	+14
+6	+33	+8
+8	+19	+34

图 2.7   三点法结果

(3)对角线法。

取表 2.3 对角线(0,+8)和(+6,−10),按表 2.2 可列出下列两个方程式:

$$0 = + 8 + 2P + 2Q$$
$$+ 6 + 2P = - 10 + 2Q$$

解上面方程,可得 $P = -6, Q = +2$。

按表 2.2 旋转后可得到图 2.8 右图所示结果,按对角线法可求得平面度误差为

$$f_A = (+16) - (-19) = 35 \ (\mu m)$$

0	+4+P	+6+2P
-3+Q	+20+P+Q	-9+2P+Q
-10+2Q	-3+P+2Q	+8+2P+2Q

$\Rightarrow$

0	+2	-6
-1	+16	-19
-6	-5	0

图 2.8   对角线法结果

三种计算方法求得平面度误差分别为

最小条件法 $f_A = (+27) - 0 = 27 \ (\mu m)$

三点法 $f_A = (+34) - 0 = 34 \ (\mu m)$

对角线法 $f_A = (+16) - (-19) = 35 \ (\mu m)$

可见最小条件法得出的平面度误差值最小而且是唯一的,也最合理,本实验要求用最小条件法评定。

思考题

1. 平面度误差的测量有几种布线形式?

实验 2.3   圆度误差测量

一、实验目的

(1) 了解 DTP - 2000D 型圆度仪的结构和使用方法。

(2) 熟悉圆度仪的测量原理。

(3) 掌握在圆度仪上测量圆度误差的方法及评定。

二、实验仪器及工作原理

1. 实验仪器的简介

DTP - 2000D 型圆度仪是通过由仪器本身主轴旋转来求半径的变化量,从而精密测量圆度的一种仪器(也可以测量同心度、垂直度和平面度),其结构如图2.9所示。它由仪器架1、过滤2、花岗岩台面3、调偏心机构4、工作台5、传感器6、立柱7、主轴8、联轴器9、圆光栅10、电机、11、油水分离器12等部分组成。该仪器具有精确、可靠,操作简单和易于维修等特点。

仪器的主要技术规格如下:

主轴精度   ±0.012 5 μm

系统精度   ≤ 0.03 μm

分 辨 率   0.001 μm

量程范围   30 μm (半径差)

测量范围　　最大直径：ϕ140 mm

　　　　　　最小内径：ϕ5 mm

承　　载　　10 kg

工作压力　　0. 35 ～ 0. 45 MPa

气源压力　　0. 45 ～ 0. 80 MPa

气源流量　　≥ 0. 2 m³/min

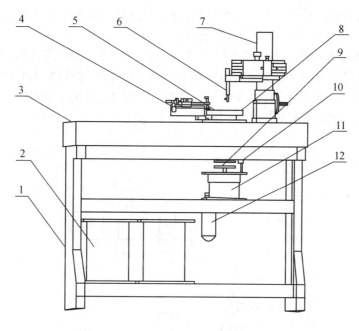

图 2.9　圆度仪结构示意图

2. 工作原理

DTP – 2000D 型圆度仪是根据半径测量法,将传感器和测头固定不动,被测零件放置在仪器的回转工作台上,随工作台一起回转,并把工件轴线调整到与垂直基准轴重合。当仪器测头与实际被测圆轮廓接触时,实际被测圆轮廓的半径变化量可以通过测头反映出来,此变化量由传感器接收,并转换成电信号输送到电气系统,经放大器、滤波器、运算器输送到微机系统,实现数据的自动处理、打印及显示测量结果。

三、实验步骤

(1) 熟悉 DTP – 2000D 型圆度仪的结构和使用方法。

(2) 接通电源、气源,气压达到 0. 32 MPa 后即可使用。

(3) 打开计算机进入测量系统:接通电源,先开显示器电源,再开计算机主机电源。

启动计算机后,进入 Windows 系统。在桌面双击"圆度仪"图标 WiLSON 圆度仪 进入测量系统。

(4) 将待测工件清洗干净,放在工件台上。

测量时,根据所测工件直径的大小,选择相应磁力工作台。工件直径小于 8 mm,采用强磁力工作台；工件直径为 8 ~ 25 mm，采用小型号磁力工作台；工件直径为 25 ~ 140 mm，直接放在工件台上即可。注意：为了减少测量误差，测量前，应将工件测量面、定位面及工作台、测头用丝质绸布蘸汽油擦干净。

（5）单击"圆度测量"进入调整测量界面。进入调整测量界面后，要完成以下工作：

① 量程选择。量程的选择是根据被测工件的精度而定的。高精度、圆度值小的工件要采用高挡位量程测量，以保证测量精度。如轴承套圈、滚动体一般用 5 挡以上的挡量测量。本仪器有自动选择量程及手动选择量程两种，自动选择量程及手动选择量程的切换在界面左上角，通常测量采用手动选择量程。

② 测量项目的选择。本仪器可测圆度、平行度、平面度、垂直度、同轴度、弯曲度等。测量项目的选择在界面的右上角。当选择某一测量项目时，被选择项目有红色底色。

③ 工件调整。启动主轴，将清洁干净的工件放到磁力工作台的中心位置，即可开始调整。调整的过程和流程如图 2.10 和图 2.11 所示。

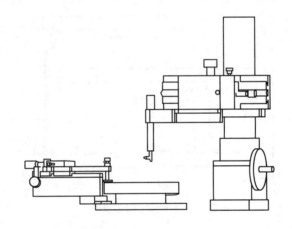

图 2.10　工件调整示意图

（6）单击"数据分析"处理测量结果。

① 调出测量数据。数据分析时，要先将测量的数据调出来。当点击"数据分析"进入分析界面时，会弹出一个对话框。文件自动保存的默认目录是 D:\YDY，因此在调数据文件时，要进入 D:\YDY 目录，在该目录里寻找所需数据文件并打开。

当分析完一个数据文件需再分析别的数据文件时，双击"当前文件 A（更名）"后面的文本框，在弹出的对话框里调所需数据文件。

② 数据分析。处理平行度、平面度、垂直度、同轴度、弯曲度时，调出数据后按"处理"键即可；处理圆度、波纹度时，要根据工艺要求，进行一些选择。

波高分析、波纹度、谱分析只有在测圆度时才有数值。

圆度测量时，要选择滤波数值，本软件的滤波数据可给出 9 个波段的圆度值，根据工艺需求，选择所需波段的数值（默认为全选），若不需要某一波段的数值时，将对应波段前面的"勾号"去掉即可。滤波数据的选择在界面的右边。

（7）如需打印，单击"文件打印"。

（8）测量完毕，整理实验现场，完成实验报告。

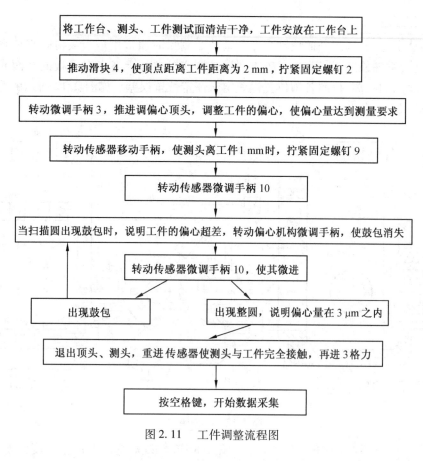

图 2.11　工件调整流程图

思考题

1. 试述圆度误差曲线进行谐波分析的目的。

实验 2.4　箱体位置误差测量

一、实验目的

（1）理解有关位置公差的定义。
（2）掌握应用通用测量器具对箱体位置误差的测量方法。

二、实验仪器及工作原理

1. 实验用量具和工具

主要有平板、标准心轴、直角尺、方箱（或方铁）、杠杆指示表、表架、平行垫铁、同轴度量规和位置度量规等。

2. 工作原理

在箱体上,一般选用平面或轴心作为基准。测量时通常用平板或检验心轴来模拟基准,用精度合适的检验工具和指示表来测量被测实际要素上各点对平板的平面或检验心轴的轴线之间的距离,按照各项位置误差定义评定位置误差。如图 2.12 所示的箱体上标有 7 项位置公差,各项公差要求及测量原理如下。

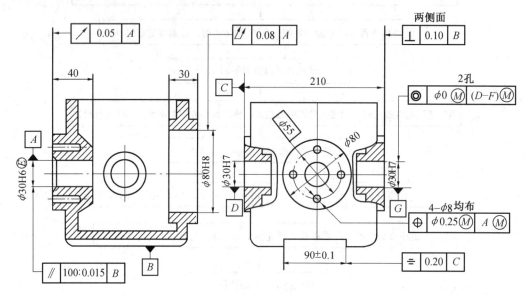

图 2.12　被测箱体

(1)(| // | 100：0.015 | B |)。表示孔 φ30H6 轴线对基面 B 的平行度公差,在轴线长度 100 mm 内其平行度公差为 0.015 mm。

测量时,用平板模拟基准平面 B,用孔的上下素线的对应轴心线代表孔的轴线。因孔较短,孔的轴线弯曲很小,因此,其形状误差可忽略不计,可测孔的上、下壁到基准面 B 的高度,取孔壁两端的中心高度差作为平行度误差。

(2)(| ↗ | 0.05 | A |)。表示测量左端面对孔 φ30H6 轴心线的端面圆跳动误差不大于其公差 0.05 mm。

测量时,用心轴模拟基准轴线 A,测量该端面上某一圆周上的各点与垂直于基准轴线的平面之间的距离,以各点距离的最大差值作为端面圆跳动误差。

(3)(| ↗↗ | 0.08 | A |)。表示 φ80H8 孔壁对孔 φ30H6 轴心线的径向全跳动误差不大于其公差 0.05 mm。

测量时,用心轴模拟基准轴线 A,测量 φ80 孔壁的圆柱面上各点到基准轴线的距离,以各点距离中的最大差值作为径向全跳动误差。

(4)(| ⊥ | 0.10 | B |)。表示箱体两侧面对底面的垂直度误差不大于其公差 0.05 mm。

附录 2

互换性与测量技术基础
实验报告

班级:_____

姓名:_____

学号:_____

实验 1　孔轴测量

实验 1.1　用立式光学比较仪测量塞规

一、实验预习(准备)报告

1. 实验目的。

2. 立式光学计原理。

3. 孔用塞规(ϕ40H8、ϕ30H8、ϕ20H8)设计方法及检测实验步骤设计。

4. 实验注意事项。

二、实验过程及记录

同组实验人员		时间	
		地点	

检测试件记录表

仪器	名　　称	分度值/mm	示值范围/mm	测量范围/mm

塞规公称尺寸及公差		

测量位置示意图	

测量数据记录表

测 量 位 置		Ⅰ—Ⅰ	Ⅱ—Ⅱ	Ⅲ—Ⅲ	检测结论	备注
通规	A—A′					
	B—B′					
止规	A′—A					
	B′—B					

画出检测塞规的公差带图

三、数据分析

四、思考题

1. 立式光学比较仪能否测量内径?

2. 量块在使用中的注意事项有哪些?

实验 1.2　用万能测长仪测量轴径

一、实验预习(准备)报告

1. 实验目的。

2. 万能测长仪原理。

3. 轴(φ40h7)检测实验步骤设计。

4. 实验注意事项。

二、实验过程及记录

同组实验人员		时间	
		地点	

检测试件记录表

仪器	名　　称	分度值/mm	示值范围/mm	测量范围/mm

被测零件公称尺寸及公差	

测量位置示意图	

测量数据记录表

测 量 位 置	Ⅰ—Ⅰ	Ⅱ—Ⅱ	Ⅲ—Ⅲ	检测结论	备注
A—A					
B—B					

画出检测工件的公差带图

三、数据分析

四、思考题

1. 相对测量和绝对测量的区别?

2. 标准环和量块的作用有哪些区别?

实验 1.3　内径指示表测量孔径

一、实验预习(准备)报告

1.实验目的。

2.内径指示表测量原理。

3.套筒(ϕ80H8)检测实验步骤设计。

4.实验注意事项。

二、实验过程及记录

同组实验人员		时间	
		地点	

检测试件记录表

仪器	名　称	分度值/mm	示值范围/mm	测量范围/mm

被测零件公称尺寸及公差	
测量位置示意图	

测量数据记录表

测 量 位 置	上截面	中截面	下截面	检测结论	备注
A—A′					
B—B′					

画出检测工件的公差带图

三、数据分析

四、思考题

1. 指示表在测量和调零时,为什么摇摆指示表?

2. 指示表在测量孔径有何优点?

实验 2　形状与位置误差测量

实验 2.1　用自准直仪测量平尺的直线度误差

一、实验预习(准备)报告

1. 实验目的。

2. 自准直仪测量原理。

3. 平尺直线度检测实验步骤设计。

4. 实验注意事项。

二、实验过程及记录

同组实验人员		时间	
		地点	

检测试件记录表

仪器	名　称	分度值/mm	示值范围/mm	测量范围/mm
	被测零件公称尺寸及公差			

测量数据记录表

测量点	0	1	2	3	4	5	6	7	8
顺测读数 Δ_i									
反测读数 Δ_i									
平均值									
相对值 $\Delta_t - \Delta_i$									
累计值									

作图计算

按最小条件求直线度误差 f		合格性结论	
按端点连线法求直线度误差 f		合格性结论	

三、数据分析

四、思考题

1. 为什么要根据累积值作图？

2. 最小条件法和两端线法产生的误差是否相同？

实验 2.2 平面度误差的测量

一、实验预习(准备)报告

1. 实验目的。

2. 测量原理。

3. 检测实验步骤设计。

4. 实验注意事项。

二、实验过程及记录

同组实验人员		时间	
		地点	

检测试件和测量数据记录表

仪　　器	基准所用工具			指示表分度值/μm					
被测零件	名　　称			平面度公差 t/μm					
测点序号	a_1	a_2	a_3	b_1	b_2	b_3	c_1	c_2	c_3
读数/μm									

测量示意图

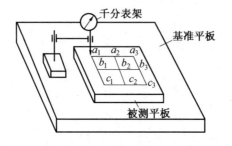

作图计算

平面度误差	$f_A =$	μm
合格性结论		

三、数据分析

四、思考题

1. 为什么要根据累积值作图？

2. 最小条件法和两端线法产生的误差是否相同？

实验 2.3　圆度误差测量

一、实验预习(准备)报告

1. 实验目的。

2. 圆度仪测量原理。

3. 圆度检测实验步骤设计。

4. 实验注意事项。

二、实验过程及记录

同组实验人员		时间	
		地点	

测量试件记录表

仪器	名　称	分辨率/μm	量程范围/μm	测量范围/μm
被测零件		精度等级		

测量示意图

测量数据记录表/μm

测量位置		Ⅰ—Ⅰ	Ⅱ—Ⅱ	Ⅲ—Ⅲ	实测值	理论值	结论
滤波段	2 ~ 500						
	2 ~ 15						
	15 ~ 500						
	3 ~ 16						

圆度曲线示意图

三、数据分析

四、思考题

1. 为什么要根据累积值作图?

2. 最小条件法和两端线法产生的误差是否相同?

实验 2.4　箱体位置误差测量

一、实验预习(准备)报告

1. 实验目的。

2. 通用量具和器具对箱体误差的测量方法。

3. 箱体检测实验步骤设计。

4. 实验注意事项。

二、实验过程及记录

同组实验人员		时间	
		地点	

检测试件和测量数据记录表

工件名称					
检测项目	公差标注	所用仪器设备	测量值	公差值	结论

三、数据分析

四、思考题

1. 全跳动误差测量和圆度误差的测量有何区别?

实验 3　表面粗糙度测量

实验 3.1　用光切显微镜测量表面粗糙度

一、实验预习（准备）报告

1. 实验目的。

2. 光切显微镜原理。

3. 检测实验步骤设计。

4. 实验注意事项。

二、实验过程及记录

同组实验人员		时间	
		地点	

检测试件和测量数据记录表

仪器	名称	测量范围	物镜放大倍数	套筒分度值 $E/\mu m$

被测零件	取样长度 lr /mm	评定长度 ln /mm	轮廓最大高度 Rz /μm	轮廓单元的平均宽度 $RSm/\mu m$

测量计算:轮廓最大高度 $Rz/\mu m$

次序	测量读数	
	Z_{pi}(轮廓峰高)	Z_{vi}(轮廓谷深)
1		
2		
3		
4		
5		
	$R_{pmax} =$	$R_{vmin} =$

数据处理

轮廓的最大高度:$Rz = (R_{pmax} - R_{vmin}) \times c$

合格性结论

测量计算:轮廓单元的平均宽度 RSm

测量读数	$S_1 =$	S_n

轮廓单元的平均宽度 $RSm = \sum_{i=1}^{n} S_i / n = (S_n - S_1)/(n-1) =$

三、数据分析

四、思考题

1. 光切显微镜测量的表面粗糙度参数有哪些？

2. 测量圆柱的表面粗糙度时，光带的上下边缘为什么不能同时调整清晰？

实验 3.2　用干涉显微镜测量表面粗糙度

一、实验预习(准备)报告

1. 实验目的。

2. 干涉显微镜原理。

3. 检测实验步骤设计。

4. 实验注意事项。

二、实验过程及记录

同组实验人员		时间	
		地点	

检测试件和测量数据记录表

名称	放大倍数	视场直径/mm	测量范围/μm	波长 λ/μm
被测平面	加工方法	取样长度 l_r/mm	评定长度 l_n/mm	轮廓最大高 Rz

测量两相邻干涉条纹的间距 b

测量读数	h_{p1}		h_{p2}		h_{p3}	
	h'_{p1}		h'_{p2}		h'_{p3}	
计算结果	b_1		b_2		b_3	
	$b_{平均}=\dfrac{1}{3}(b_1+b_2+b_3)$					

测量干涉条纹弯曲量 a

测量读数	1	2	3	4	5
h_{pi}（波峰）					
h_{vi}（波谷）					
干涉条纹弯曲量	$a_{max}=h_{hmax}-h_{vmin}$				
计算 Rz	$Rz=\dfrac{a_{max}\lambda}{2b}$				

三、数据分析

四、思考题

1. 干涉显微镜和光切显微镜有何区别?

2. 干涉条纹间距和干涉条纹弯曲量的大小对 RZ 有何影响?

实验 3.3　表面粗糙度仪测量表面粗糙度

一、实验预习（准备）报告

1. 实验目的。

2. 表面粗糙度仪原理。

3. 检测实验步骤设计。

4. 实验注意事项。

二、实验过程及记录

同组实验人员		时间	
		地点	

检测试件记录表

仪器名称	最小行程长度/mm	最大行程长度/mm	仪器示值误差/μm

校对表面粗糙度的标准样块	取样长度/mm	评定长度/mm	测量值/μm	理论值/μm

测量示意图

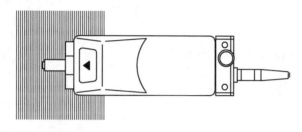

测量数据记录表/μm

次序	取样长度/mm	评定长度/mm	测量值/μm
1			
2			
3			

画出 Ra 变化最大的曲线

三、数据分析

四、思考题

1. 比较光切法、干涉法、针描法的区别。

2. 传感器探针的半径对测量有何影响？

实验 4　锥度测量

实验 4.1　用正弦规测量锥度量规

一、实验预习(准备)报告

1. 实验目的。

2. 正弦规的工作原理。

3. 检测实验步骤设计。

4. 实验注意事项。

二、实验过程及记录

同组实验人员		时间	
		地点	

检测试件记录表

正弦规型号	两圆柱中心距/mm	指示表测量范围/mm	指示表分度值/μm

被测工件名称	被测公称锥角	锥角极限偏差	所用量块尺寸/mm

测量示意图

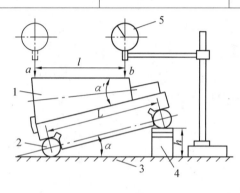

测量数据记录表/mm

指示表读数	1	2	3	平均值
N_a				
N_b				
a、b 两点间距离 L/mm				

实际锥角偏差 $\Delta\alpha = \dfrac{(N_b - N_a)}{L} \times 2 \times 10^5$

三、数据分析

四、思考题

1. 正弦规测量锥度时，为什么可以用精度很低的钢板尺来测量 a、b 两点之间的距离？

实验 4.2　用万能工具显微镜测量内锥度

一、实验预习（准备）报告

1. 实验目的。

2. 万能工具显微镜测量内锥度原理。

3. 检测实验步骤设计。

4. 实验注意事项。

二、实验过程及记录

同组实验人员		时间	
		地点	

检测试件记录表

仪器名称	分度值		测量范围	
	长度/mm	角度/分	纵向/mm	横向/mm
被测工件	锥度		量块尺寸	

测量示意图

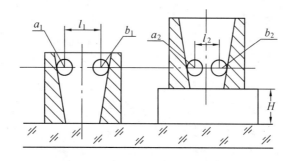

测量数据记录表/mm

次序	读数(1)	读数(2)	L_i 值
a			$L_1 = (a_1 - b_1)$
b			$L_2 = (a_2 - b_2)$
计算	$C = (L_1 - L_2)/H$		

三、数据分析

四、思考题

1. 光学测孔器有哪些用途?

实验5　圆柱螺纹测量

实验5.1　在大型工具显微镜上测量外螺纹主要参数

一、实验预习(准备)报告

1. 实验目的。

2. 大型工具显微镜原理。

3. 检测实验步骤设计。

4. 实验注意事项。

二、实验过程及记录

同组实验人员		时间	
		地点	

检测试件记录表

仪器名称	分度值		测量范围	
	长度/mm	角度/分	纵向/mm	横向/mm
被测工件		中径	螺距	半角

测量数据记录表

中径测量	$d_{2左}=$	$d_{2右}=$	$d_{2实}=\dfrac{d_{2左}+d_{2右}}{2}$
螺距测量	$np_{左}=$	$np_{右}=$	$np_{实}=\dfrac{np_{左}+np_{右}}{2}$
半角测量	$\dfrac{\alpha}{2}(Ⅰ)=$	$\dfrac{\alpha}{2}(Ⅲ)$	$\dfrac{\alpha_{右}}{2}=\dfrac{\dfrac{\alpha}{2}(Ⅰ)+\dfrac{\alpha}{2}(Ⅲ)}{2}$
	$\dfrac{\alpha}{2}(Ⅱ)=$	$\dfrac{\alpha}{2}(Ⅳ)=$	$\dfrac{\alpha_{左}}{2}=\dfrac{\dfrac{\alpha}{2}(Ⅱ)+\dfrac{\alpha}{2}(Ⅳ)}{2}$

$\Delta\dfrac{\alpha_{左}}{2}=\dfrac{\alpha_{左}}{2}-\dfrac{\alpha}{2}=$	$\Delta\dfrac{\alpha_{右}}{2}=\dfrac{\alpha_{右}}{2}-\dfrac{\alpha}{2}=$
$\Delta p_n=np_{实}-np=$	$\Delta\dfrac{\alpha}{2}=\dfrac{\left|\Delta\dfrac{\alpha_{左}}{2}\right|+\left|\Delta\dfrac{\alpha_{右}}{2}\right|}{2}=$

$f_{\frac{\alpha}{2}}=0.073p\left(k_1\left|\Delta\dfrac{\alpha_{左}}{2}\right|\right)+\left(k_2\left|\Delta\dfrac{\alpha_{右}}{2}\right|\right)\mu m=$

$f_p=1.732\Delta p=$

$d_{2作}=d_{2实}+\left(f_p+f\dfrac{\alpha}{2}\right)=$

$d_{2max}=$

$d_{2min}=$

三、数据分析

四、思考题

1. 用影像法测量螺纹时,立柱为什么要倾斜一个螺旋升角?

2. 用大型工具显微镜测量外螺纹的主要参数时,为什么测量结果要取平均值?

实验 5.2 用三针法测量外螺纹中径

一、实验预习(准备)报告

1. 实验目的。

2. 三针法测量原理。

3. 检测实验步骤设计。

4. 实验注意事项。

二、实验过程及记录

同组实验人员		时间	
		地点	

检测试件记录表

仪器名称	分度值/mm	示值范围/mm	测量范围/mm

被测零件		中径		螺距		半角	

查表计算下列各项

三针直径 $d_m = 0.577\,35p$

中径基本偏差		d_{2max}	
中径公差		d_{2min}	

测量读数值

测量位置	Ⅰ—Ⅰ	Ⅱ—Ⅱ	Ⅲ—Ⅲ
A–A'			
B—B'			

螺纹实际中径：$d_2 = M - 3d_m + 0.866p$

计算位置	Ⅰ—Ⅰ	Ⅱ—Ⅱ	Ⅲ—Ⅲ
A–A'			
B—B'			

画出螺纹中径公差带图

三、数据分析

四、思考题

1. 影像法与三针法测量外螺纹中径各有何优缺点？

2. 用三针法测得的螺纹中径是否是作用中径？

实验 5.3　用螺纹千分尺测量外螺纹中径

一、实验预习（准备）报告

1. 实验目的。

2. 螺纹千分尺测量原理。

3. 检测实验步骤设计。

4. 实验注意事项。

二、实验过程及记录

同组实验人员		时间	
		地点	

检测试件记录表

仪器名称	分度值/mm	示值范围/mm	测量范围/mm

被测零件		中径		螺距		半角	

螺纹中径公差

测量数据记录表

测量位置	Ⅰ—Ⅰ	Ⅱ—Ⅱ	平均值	合格性结论
A—A				
B—B				

三、数据分析

四、思考题

1. 用螺纹千分尺测量不同螺距的螺纹时，为什么需要换测头？

实验 6　圆柱齿轮测量

实验 6.1　齿轮单个齿距偏差和齿距累积总偏差的测量

一、实验预习(准备)报告

1. 实验目的。

2. 周节仪测量原理。

3. 检测实验步骤设计。

4. 实验注意事项。

二、实验过程及记录

同组实验人员		时间	
		地点	

检测试件记录表

仪器名称	分度值/mm	测量范围/mm	示值范围/mm

被测齿轮	齿数 z	模数 m	压力角 α	齿轮精度标注
	单个齿距极限偏差 $\pm f_{pt}$/μm ＝		齿距累积总偏差 F_p/μm ＝	

测量数据记录表

齿序	齿距相对偏差 $f_{pt相对}$	齿距相对累积偏差 $\sum\limits_{i=1}^{n} f_{pt相对i}$	单个齿距偏差 f_{pt}	齿距累计总偏差 F_p
1				
2				
3				
4				
5				
6				
7				
8				
9				
10				
11				
12				
13				
14				
15				
16				
17				
18				
19				
20				
21				
22				
23				
计算结果	$K=\dfrac{\sum\limits_{i=1}^{n} f_{pt相对i}}{n}=$		$f_{pt}=$	$F_p=$

三、数据分析

四、思考题

1.测量齿轮单个齿距偏差和齿距累计总偏差的目的是什么?

2.用相对法测量齿距时,指示表是否一定要调零?

实验 6.2　齿轮齿圈径向跳动量的测量

一、实验预习(准备)报告

1. 实验目的。

2. 齿轮跳动检查仪测量原理。

3. 检测实验步骤设计。

4. 实验注意事项。

二、实验过程及记录

同组实验人员		时间	
		地点	

检测试件记录表

仪器名称	分度值/mm	测量范围/mm	示值范围/mm

被测齿轮	齿数 z	模数 m	压力角 α	齿轮精度标注
	径向跳动公差 $F_r/\mu m =$			

测量数据记录表

	齿序	读数	齿序	读数	齿序	读数
测 量 记 录	1		11		21	
	2		12		22	
	3		13		23	
	4		14		24	
	5		15		25	
	6		16		26	
	7		17		27	
	8		18		28	
	9		19		29	
	10		20		30	

径向跳动 $F_r =$ 最在读数−最小读数 =

三、数据分析

四、思考题

1. 齿轮齿圈径向跳动反映齿轮哪项精度指标？

2. 齿轮齿圈径向跳动能用什么评定指标代替？

实验6.3 齿轮径向综合误差的测量

一、实验预习(准备)报告

1. 实验目的。

2. 双面啮合仪测量原理。

3. 检测实验步骤设计。

4. 实验注意事项。

二、实验过程及记录

同组实验人员		时间	
		地点	

检测试件记录表

仪器名称	分度值/mm	测量范围/mm	示值范围/mm

被测齿轮	齿数 z	模数 m	压力角 α	齿轮精度标注
	径向综合总公差 $F_i'' =$		一齿径向综合公差 $f_i'' =$	

测量数据记录表

记录曲线	

测量结果	径向综合总偏差 F_i''（指示表读数）			一齿径向综合偏差 f_i''（指示表读数）		
	最大值	最小值	差值	最大值	最小值	差值

三、数据分析

四、思考题

1. 齿轮双面啮合综合检查仪测量的优缺点是什么?

2. 改变两齿轮相对起始位置,其记录曲线有何变化? 其测量结果是否相同?

实验 6.4 齿轮公法线长度的测量

一、实验预习(准备)报告

1. 实验目的。

2. 测量原理。

3. 检测实验步骤设计。

4. 实验注意事项。

二、实验过程及记录

同组实验人员		时间	
		地点	

检测试件记录表

仪器名称	分度值/mm	测量范围/mm	示值范围/mm

被测齿轮	齿数 z	模数 m	压力角 α	齿轮精度标注
	公称公法线长度 $W_k = m[1.476 \times (2n-1) + 0.014z] =$			
	跨齿数 $n = \dfrac{z}{9} + 0.5 =$			

测量数据记录表/mm

1	2	3	4	5	6

	合格性结论
公法线平均长度 $\overline{W}_k = \sum\limits_{i=1}^{6} W_{ki}/6 =$	合格性结论
公法线长度变动量 $\Delta F_W = W_{kmax} - W_{kmin} =$	
公法线长度变动量公差 $F_W =$	
公法线平均长度偏差 $\Delta E_{bn} = \overline{W}_k - W_k =$	合格性结论
公法线平均长度上偏差 $E_{bns} = E_{sns}\cos\alpha - 0.72\,F_r\sin\alpha =$	
公法线平均长度下偏差 $E_{bni} = E_{sni}\cos\alpha + 0.72\,F_r\sin\alpha =$	

三、数据分析

四、思考题

1.公法线平均长度的偏差和公法线长度变动公差各评定齿轮哪项精度指标?

2.为什么公法线长度变动只反映齿轮运动偏心?

实验 6.5　齿轮齿厚偏差的测量

一、实验预习(准备)报告

1. 实验目的。

2. 测量原理。

3. 检测实验步骤设计。

4. 实验注意事项。

二、实验过程及记录

同组实验人员		时间	
		地点	

检测试件记录表

仪器名称	分度值/mm	测量范围/mm	示值范围/mm

<table>
<tr>
<td rowspan="6">被测齿轮</td>
<td colspan="2">齿数 z</td>
<td>模数 m</td>
<td>压力角 α</td>
<td>齿轮精度标注</td>
</tr>
<tr>
<td colspan="2"></td>
<td></td>
<td></td>
<td></td>
</tr>
<tr>
<td colspan="2">齿顶圆公称直径/mm
d_2</td>
<td colspan="2">齿顶圆实际直径/mm
$d_{a实际}$</td>
<td>齿顶圆实际直径偏差/mm</td>
</tr>
<tr>
<td colspan="2"></td>
<td colspan="2"></td>
<td></td>
</tr>
<tr>
<td colspan="4">分度圆弦齿高 $\bar{h}=m\left[1+\dfrac{z}{2}\left(1-\cos\dfrac{90°}{z}\right)\right]+\dfrac{齿顶圆实际偏差}{2}=$</td>
</tr>
<tr>
<td colspan="4">分度圆公称弦齿厚 $\bar{s}=mz\sin\dfrac{90°}{z}=$</td>
</tr>
</table>

齿厚极限偏差	上偏差 E_{sns}	
	下偏差 E_{sni}	

测量数据记录表/mm

序号	1	2	3	4	5	6
齿厚实际值						
齿厚实际偏差						

画出齿厚公差带图

三、数据分析

四、思考题

1. 测量齿轮齿厚的目的是什么?

2. 齿轮齿厚偏差可用什么评定指标代替?

实验 7　典型机械零件精度检测

一、实验预习(准备)报告

1. 实验目的。

2. 测量原理。

3. 检测方案设计。

二、实验过程及记录

同组实验人员		时间	
		地点	

1. 锥套检测

（1）锥套检测记录。

序号	检测尺寸	选择量具	分度值	测量范围	检测值	结论
1	$\phi 31^{+0.025}_{2}$					
2	$\phi 52^{0}_{-0.019}$					
3	52 ± 0.037					
4	1：5 锥度					
5	$Ra=1.6$ 四处					
6	$\phi 56^{0}_{-0.019}$					
7	10 ± 0.045					
8						
9						
10						
11						
12						

（2）数据分析。

2. 偏心套检测

（1）偏心套检测记录。

序号	检测尺寸	选择量具	分度值	测量范围	检测值	结论
1	1 ± 0.02					
2	圆度 0.019					
3	$\phi56_{-0.019}^{0}$					
4	$\phi54_{0}^{+0.03}$					
5	$Ra=1.6$					
6	$\phi50_{0}^{+0.03}$					
7						
8						
9						

（2）数据分析。

3. 偏心轴检测

(1) 偏心轴检测记录。

序号	检测尺寸	选择量具	分度值	测量范围	检测值	结论
1	$\phi 56_{-0.019}^{0}$					
2	$\phi 50_{-0.019}^{0}$					
3	$\phi 44_{-0.016}^{0}$					
4	$\phi 34_{-0.016}^{0}$					
5	$\phi 20 \pm 0.01$					
6	$\phi 31_{-0.016}^{0}$					
7	1 ± 0.02					
8	Tr 30×10(P5)					
9	125±0.05					
10	两处径向跳					
11	$Ra = 3.2$ 三处					
12	10±0.02					
13						
14						
15						

(2) 数据分析。

4. 螺纹套检测

（1）螺纹套检测记录。

序号	检测尺寸	选择量具	分度值	测量范围	检测值	结论
1	$\phi52_{-0.019}^{0}$					
2	$\phi34_{0}^{+0.025}$					
3	55 ± 0.037					
4	Tr 30×10（P5）					
5	$\phi56_{-0.019}^{0}$					
6	$\phi44_{0}^{+0.025}$					
7	10 ± 0.045					
8						
9						
10						

（2）数据分析。

5. 组合件检测

（1）组合件检测记录

序号	检测尺寸	选择量具	分度值	测量范围	检测值	结论
1	132±0.05					
2	15±0.025					
3	三处径向跳动					
4						
5						
6						
7						
8						
9						
10						

（2）数据分析。

三、检测总结

用被测面和底面之间所组成的角度与直角尺比较来确定垂直度误差。

（5）（┃ = ┃ 0.20 ┃ C ┃）。表示宽度为（90 ± 0.01）mm 的槽面的中心平面对箱体左右两侧面中心平面对称度公差为 0.20 mm。

分别测量左槽面到左侧面和右槽面到右侧面的距离，并取对应的两个距离之差中绝对值最大的数值，作为对称度误差。

（6）（┃ ◎ ┃ ϕ0Ⓜ ┃ （D − F）Ⓜ ┃）。表示两个 ϕ30H7 的孔实际轴线对其公共轴线公差为 ϕ0，Ⓜ表示 ϕ0 是在两孔均处于最大实体状态下给定的。该项要求用同轴度功能量规检验。

（7）（┃ ⊕ ┃ ϕ0.25Ⓜ ┃ AⓂ ┃）。表示 4 个 ϕ8 孔轴线的位置度公差为 ϕ0.25，以孔 ϕ30H 的轴线 A 作为基准。Ⓜ表示 0.25 mm 是在 4 个 ϕ8 孔径均处于最大实体状态下给定的。该项要求用位置度功能量规检验。

三、实验步骤

（1）熟悉所用量具和工具的使用方法。

（2）测量孔轴线对基面 B 的平行度误差（┃ // ┃ 100 : 0.015 ┃ B ┃）。

① 如图 2.13 所示，将箱体 2 放在平板 1 上，使 B 面与平板接触。

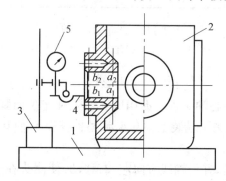

图 2.13　平行度测量
1— 平板；2— 箱体；3— 表座；4— 测杆；5— 杠杆指示表

② 测量孔的轴剖面内下素线的 a_1、b_1 两点（离边缘约 2 mm 处）至平板的高度。其方法是：将杠杆指示表的换向手柄朝上拨，推动表座，使测头伸进孔内，调整杠杆指示表使测杆大致与被测孔平行，并使测头与孔接触在下素线 a_1 点处，旋动表座的微调螺钉，使表针预压半圈，再横向来回推动表座，找到测头在孔壁的最低点，取表针在转折点时的读数 M_{a1}（表针逆时针方向读数为大）。将表座拉出，用同样方法测出 b_1 点处，得读数 M_{b1}。退出时，不使表及其测杆碰到孔壁，以保证两次读数时的测量状态相同。

③ 测量孔的轴剖面内上素线的 a_2、b_2 两点（离边缘约 2 mm 处）到平板的高度。此时需将表的换向手柄朝下拨，用同样方法分别测量 a_2、b_2 两点，找到测头在孔壁的最高点，取表针在转折点时的读数 M_{a2} 和 M_{b2}（表针顺时针方向读数为小）。其平行度误差按下式计算

$$f_{/\!/} = \left| \frac{M_{a1} + M_{a2}}{2} - \frac{M_{b1} + M_{b2}}{2} \right| = \frac{1}{2} \left| (M_{a1} - M_{b1}) + (M_{a2} - M_{b2}) \right|$$

若 $f_{/\!/} \leqslant \dfrac{0.015l}{100}$，则该项合格。

（3）测量左端面对孔 $\phi 30H6$ 轴心线的端面圆跳动（ $\boxed{\nearrow \mid 0.05 \mid A}$ ）。

① 如图 2.14 所示，将带有指示表的心轴 3 插入孔 $\phi 30H6$ⓔ内，使心轴右端顶针孔中的钢球 6 顶在角铁 7 上。

② 调节表 5，使测头与被测孔端面的最大直径处接触，并将表针预压半圈。

③ 将心轴向角铁推紧并回转一周，记取指示表上的最大读数和最小读数，取两读数之差作为端面圆跳动误差 $f_{\nearrow}$。若 $f_{\nearrow} \leqslant 0.05$ mm，则该项合格。

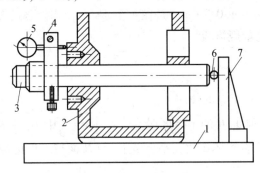

图 2.14　端面圆跳动测量

1— 平板;2— 箱体;3— 心轴;4— 轴套;5— 指示表;6— 钢球;7— 角铁

（4）径向全跳动测量（ $\boxed{\text{Ⅱ} \mid 0.08 \mid A}$ ）。

① 如图 2.15 所示，将心轴 3 插入 $\phi 30H6$ⓔ孔内，使定位面紧靠孔口，并用挡套 6 从里面将心轴定住。在心轴的另一端装上轴套 4，调整杠杆表 5，使其测头与孔壁接触，并将表针预压半圈。

② 将轴套绕心轴回转，并沿轴线方向左、右移动，使测头在孔的表面上走过，取表上指针的最大读数与最小读数之差作为径向全跳动误差 $f_{/\!/}$。若 $f_{/\!/} \leqslant 0.08$ mm，则该项合格。

（5）垂直度测量（ $\boxed{\perp \mid 0.10 \mid B}$ ）。

① 如图 2.16（a）所示，先将表座 3 上的支承点 4 和指示表 5 的测头同时靠上标准直角尺 6 的侧面，并将表针预压半圈，转动表盘使零刻度表针对齐，此时读数取零。

② 再将表座上支承点和指示表的测头靠向箱体侧面，如图 2.16（b）所示，记住表上读数。移动表座，测量整个测面，取各次读数的绝对值中最大值作为垂直度误差 $f_{\perp}$。若 $f_{\perp} \leqslant 0.1$，则该项合格。要分别测量左、右两侧面。

（6）对称度测量（ $\boxed{\equiv \mid 0.20 \mid C}$ ）。

① 如图 2.17 所示，将箱体 2 的左侧面置于平板 1 上，将杠杆指示表 4 的换向手柄朝上拨，调整指示表 4 的位置使测杆平行于槽面，并将表针预压半圈。

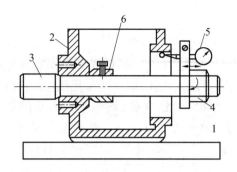

图 2.15　径向全跳动测量

1— 平板;2— 箱体;3— 心轴;4— 轴套;5— 杠杆表;6— 挡套

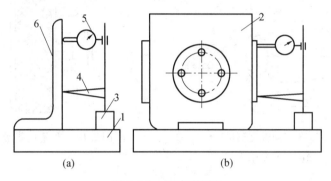

(a)　　　　　　(b)

图 2.16　垂直度测量

1— 平板;2— 箱体;3— 表座;4— 支承点;5— 指示表;6— 标准直角尺

② 分别测量槽面上三处高度 a_1、b_1、c_1,记取读数 M_{a1}、M_{b1}、M_{c1};将箱体右侧面置于平板上,保持指示表4的原有高度,再分别测量另一槽面上3处高度 a_2、b_2、c_2,记录读数 M_{a2}、M_{b2}、M_{c2},各对应点的对称度误差为

$$f_a = \left| M_{a1} - M_{a2} \right|, \quad f_b = \left| M_{b1} - M_{b2} \right|, \quad f_c = \left| M_{c1} - M_{c2} \right|$$

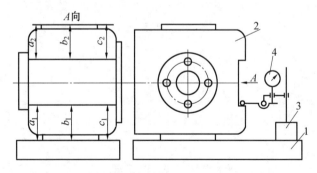

图 2.17　对称度测量

1— 平板;2— 箱体;3— 表座;4— 杠杆指示表

(7) 同轴度测量(◎ | $\phi 0$Ⓜ | $D - F$Ⓜ)。

此项同轴度误差用功能量规检验(见图 2.18),若量规能同时通过两孔中,则该两孔的同轴度符合要求。量规直径的基本尺寸按被测孔的最大实体实效尺寸 D_{MV} 设计,即

$D_{MV} = D_{min} - \phi0(M)$。

（8）位置度测量（| $\oplus$ | $\phi0.25\,\text{\textcircled{M}}$ | $A\,\text{\textcircled{M}}$ |）。

位置度用功能量规检验（见图2.19），将量规的中间塞规先插入基准孔中，接着将4个测量销插入4孔。如能同时插入4孔，则证明4孔所处的位置合格。

功能量规的4个被测孔的测量销直径，均等于被测孔的最大实体实效尺寸（= 8 - $\phi0.25$，mm），基准孔的塞规直径等于基准孔的最大实体尺寸（$\phi30$ mm），各测量销的位置尺寸与被测各孔中心理论位置的理论正确尺寸（$\phi55$ mm）相同。

（9）做合格性结论。若上述7项位置误差都合格，则该被测箱体合格。

（10）实验完毕，整理现场，完成实验报告。

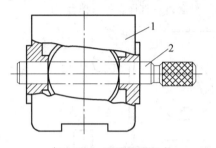
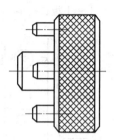

图2.18　同轴度测量　　　　　图2.19　位置度测量
1— 箱体;2— 综合量规

思考题

1. 径向全跳动误差测量与同轴度误差测量有什么区别?

实验 3 　 表面粗糙度测量

3.1 　 用光切显微镜测量表面粗糙度

一、实验目的

（1）了解用光切显微镜测量表面粗糙度的基本原理，掌握仪器的使用和调整方法。

（2）学会使用光切显微镜测量 Rz、RSm，并加深对评定参数 Rz、RSm 的理解。

二、实验仪器及工作原理

1. 实验仪器简介

光切显微镜是以光切原理为基础，以非接触方式测量表面粗糙度的专用仪器之一，只能测量外表面上 Rz、RSm 值。仪器的外形结构如图 3.1 所示，它由光源 1、立柱 2、锁紧螺钉 3、微调手轮 4、横臂 5、升降螺母 6、底座 7、工作台纵向移动千分尺 8、工作台固定螺钉 9、工作台横向移动千分尺 10、工作台 11、物镜组 12、手柄 13、壳体 14、测微鼓轮 15、测微目镜 16、紧固螺钉 17、照相机插座 18 等部分组成。

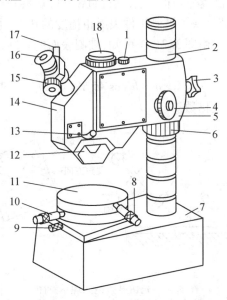

图 3.1 　 光切显微镜外形结构图

底座 7 上装有立柱 2，显微镜主体通过横臂 5 和立柱连接，通过转动升降螺母 6 将沿立柱上下移动,用它来粗调显微镜焦距,调整螺钉 3 可将横臂紧固在立柱上。显微镜的光学系统压缩在一个封闭的壳体 14 内,在壳体上装有可替换的物镜组 12,它有 4 种不同放大倍数,每一种放大倍数的物镜对应一定的测量范围,可根据被测表面的粗糙度大小来进行选择。在壳体上还装有测微目镜 16、光源 1 及照相机插座 18 等,微调手轮 4 可进行焦距的精调。被测工件放在工作台 11 上,可通过其上的两个千分尺完成纵、横向调整,同时也可通过松开工作台固定螺钉 9,使其做 360° 转动。

仪器的主要技术规格见表 3.1。

表 3.1　仪器的主要技术规格

物镜放大倍数 N	总放大倍数	视场直径 /mm	测量范围 $Rz/\mu m$	目镜分度值 $C/\mu m$
7 ×	60 ×	2.5	10 ~ 80	1.25
14 ×	120 ×	1.3	3.2 ~ 10	0.63
30 ×	260 ×	0.6	1.6 ~ 6.3	0.294
60 ×	510 ×	0.3	0.8 ~ 3.2	0.145

Rz 测量范围　　0.8 ~ 80 μm

RSm 测量范围　　测微目镜 0.7 ~ 2 500 μm;工作台千分尺 0.01 ~ 15 mm

2. 工作原理

光切显微镜是根据光切法原理制成的仪器,其原理如图 3.2(a) 所示。

由光源管里的光源 1 发出的光经狭缝 2 和物镜 3 以 45° 方向投射到被测工件表面上,与工件表面相交形成一条凸凹不平的轮廓线。该轮廓线被工件表面反射进入观察管中。经观察管的物镜 4 成像在目镜分划板 5 上,通过目镜 6 可观察到被放大了的凹凸不平的光带(见图 3.2(b))。该光带反映了被测工件表面粗糙度的状态,通过目镜上的目镜测微器可以读出光带的影像高度。由图 3.2(a) 可知,被测表面的实际值 h 与分化板上光带影像的高度 h' 有下列关系

$$h = h'\cos 45°/A$$

式中　　A—— 物镜系统放大倍数。

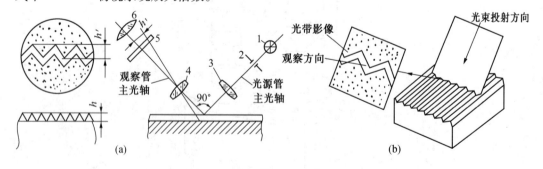

图 3.2　光切显微镜原理示意图

3. 目镜测微器原理

目镜测微器的结构如图 3.3(a) 所示,它由测微鼓轮、目镜、固定分划板、移动分划板

等组成。测微鼓轮一周均匀刻有100条刻线,固定分划板刻有0～8共9个数字,共9条刻线(8个格)。在活动分划板上刻有十字线及双标线,通过微分鼓轮可使其移动,当微分鼓轮转动一周时,活动分划板的双标线在固定分划板移动一个格,读数时应以测微鼓轮的刻度为单位来读取,如图3.3(a)所示的读数应为340。在测量时要转动测微鼓轮,让十字线中的一条线先后与影像的峰、谷相切,如图3.3(b)所示,由于十字线的移动方向与影像高度方向成45°角,影像高度 h' 与十字线位移 h'' 的关系为

$$h' = h''\cos 45°$$

因此,被测表面实际值为

$$h = \frac{h''}{A}\cos 45°\cos 45° = \frac{1}{2A}h''$$

$$h = h''C$$

h'' 为测微鼓轮两次读数差,由于读出的是格数,应确定分度值 C 的大小,其分度值与物镜的放大倍数有关,由表3.1可以查出。

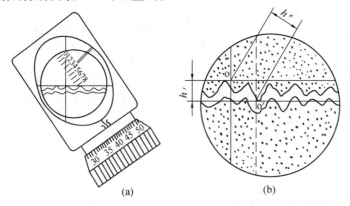

(a)　　　　　　　(b)

图3.3　目镜测微器的结构

三、实验步骤

(1)熟悉光切显微镜的结构和原理。

(2)根据被测工件表面粗糙度的要求,按表3.1选择合适的物镜组,安装在壳体14的下端。

(3)接通电源。

(4)擦净被测工件,将其安放在工作台上,并使被测表面的切削痕迹的方向与光带垂直。当测量圆柱形工件时,应将工件置于V形块上。

(5)粗调节。参看图3.1,松开锁紧螺钉3,缓慢旋转升降螺母6,使横臂5上下移动,直到目镜中观察到绿色光带和表面轮廓的影像(见图3.3(b));然后,将螺钉3固紧。要注意防止物镜与工件表面相碰,避免损坏物镜组。

(6)细调节。通过微调手轮4和工作台横向(纵向)千分尺10、8的调整,使目镜中光带最狭窄,轮廓影像最清晰并位于视场的中央。

(7)松开紧固螺钉17,转动目镜测微器,使目镜中十字线的一根线与光带轮廓中心线大致平行(此线代替平行于轮廓中线的直线);然后,将紧固螺钉17固紧。

（8）根据被测表面的粗糙度级别，按国家标准规定选取取样长度和评定长度。

（9）轮廓最大高度 Rz 的测量。转动测微鼓轮，使目镜中的水平线先后与光带的峰、谷相切，如图3.3(b)所示，记下读数。在目镜看到的范围内（即一个取样长度内），测出一个轮廓线的5个最高峰和5个最低谷，在上述测得的5个峰值中找出最大峰高 h_{pmax}，在5个谷值中找出最低谷值 h_{vmin}，按照轮廓最大高度定义有

$$Rz = (h_{pmax} - h_{vmin})C$$

（10）轮廓单元的平均宽度 RSm 的测量。用十字线中的垂直线对准光带影像的第一个峰顶，如图3.4所示，并由工作台的纵向千分尺上读取数 S'_1，然后移动工作台，在取样长度范围内用十字线中的垂直线数出轮廓峰的个数，并对准最后一个峰与中线交点，即第 n 个峰，再读取读数 S'_n。按照轮廓单元的平均宽度 RSm 的定义有

$$RSm = \sum_{i=1}^{n} \frac{S_i}{n} = \frac{S'_n - S'_1}{n-1}$$

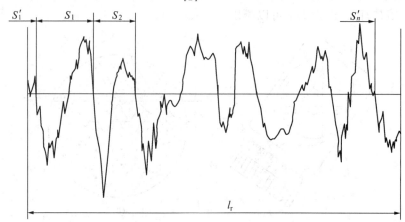

图3.4   轮廓单元平均宽度测量示意图

（11）数据处理，求出 Rz、RSm。

（12）实验完毕，整理现场，完成实验报告。

思考题

1. 光切显微镜测量的参数有哪些？

2. 取样长度怎么确定？

3. 光带的上、下边缘为什么不能同时达到最清晰的程度？

实验3.2   用干涉显微镜测量表面粗糙度

一、实验目的

（1）掌握干涉显微镜的结构并熟悉其使用方法。

（2）熟悉用干涉法测量表面粗糙度的原理。

二、实验仪器及工作原理

1. 实验仪器简介

干涉显微镜是干涉仪和显微镜的组合,用光波干涉原理反映出被测工件表面的粗糙程度,这个粗糙程度被显微镜进行高倍放大后以便观察和测量。图 3.5 是 6JA 型干涉显微镜的外形结构,它由测微目镜 1、测微鼓轮 2、手轮 3、光栅调节手轮 4、滤光片调节手柄 5、调节螺钉 6、光源 7、干涉条纹调节手轮 8、聚焦手轮 9、程差调节手轮 10、工作台移动滚花轮 11、工作台转动手轮 12、滚花手轮 13、工作台 14、反射率和遮光板手轮(显微镜背面)15、螺钉 16 等部分组成。

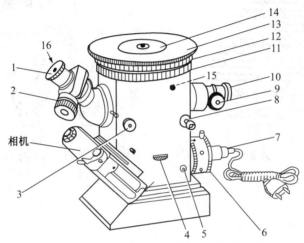

图 3.5 6JA 型干涉显微镜的外形结构

仪器的主要技术规格见表 3.2。

表 3.2 仪器的主要技术规格

仪器总放大倍数	视场直径 D/mm	物镜工作距离 /mm	测量范围 R_2'/μm	绿色光波长 λ/μm	白色光波长 λ/μm
500 ×	$\phi 0.25$	0.5	1 ~ 0.03	0.53	0.6

2. 工作原理

干涉显微镜工作原理如图 3.6 所示,一束光经分光器分成强度相同的 A、B 两束光,使这两束光分别经反射镜 M_1、M_2 反射后再汇合成一束光 C,由于反射镜 M_1 是一个标准镜面而反射镜 M_2 是被测工件的表面,产生了不同的光程,它们的光程差造成了光的位相差,产生光干涉,形成了干涉条纹。若被测表面的微观平面性好,看到的是平直规则的干涉条纹;若被测表面粗糙不平,干涉条纹成弯曲形状,如图 3.7 所示。其弯曲程度决定被测表面微观峰谷的大小。根据光波干涉原理,在光程差每相差半个波长 $\lambda/2$ 处产生一个条纹,根据图 3.8 可以算出被测表面的微观不平度值 $h(\mu m)$ 为

$$h = \frac{a}{b} \cdot \frac{\lambda}{2}$$

式中 λ——光波波长。

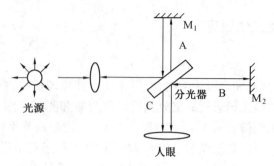

图 3.6　干涉显微镜工作原理图

图 3.7　干涉条纹

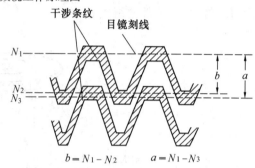

图 3.8　测量干涉条纹的弯曲量 a 和间距 b

三、实验步骤

（1）了解仪器的结构和原理。

（2）接通电源，使光源 7 照亮，预热 15 ~ 30 min。

（3）将手轮 3 转到目镜位置，同时转动遮光板调节手柄 15，使遮光板移出光路，从目镜中看到明亮的视场。若视场亮度不均，可转动螺钉 6 来调节。

（4）转动聚焦手轮 9，使视场中下方的弓形直边清晰（见图 3.9）。松开螺钉 16，取下目镜 1，从目镜管直接观察到两个灯丝像。转动手轮 4，使孔径光阑开至最大。转动手轮 8，使两个灯丝像完全重合，并旋转螺钉 6，使灯丝像位于孔径光阑的中央（见图 3.10）。然后，装上目镜 1，旋紧螺钉 16。

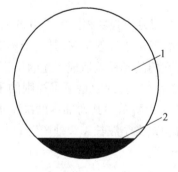

图 3.9　弓形直边图
1—视场；2—弓形直边

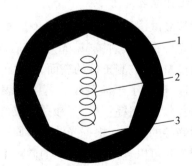

图 3.10　灯丝像图
1—物镜出射瞳孔；2—灯丝像；3—孔径光阑

（5）将被测工件清洗干净放在工作台 14 上，被测表面向下对准物镜。转动手轮 15 使遮光板遮住标准镜。推动滚花手轮 13，使工作台在任意方向移动。转动滚花轮 11，使工作台升降，直至视场中观察到清晰的被测表面影像为止。再转动手轮 15，使遮光板移出光路。

（6）找干涉带。将手柄 5 向左推到底，此时采用单色光。慢慢地来回转动手轮 10，直至视场中出现清晰的干涉条纹为止。将手柄 5 向右推到底，就可以采用白光，得到彩色干涉条纹。转动手轮 8 并配合转动手轮 9 和滚花轮 11，可以得到所需亮度和宽度的干涉条纹。

（7）转动工作台转动手轮 12，使被测表面加工纹理方向和干涉条纹方向垂直。松开螺钉 16，转动目镜，使视场中十字线中一条直线与干涉条纹平行，然后把目镜固定。

（8）测量干涉条纹间距 b。转动测微鼓轮 2，使视场中与干涉条纹方向平行的十字线中一条直线对准某条干涉条纹峰顶的中心线（见图 3.8），在测微鼓轮 2 上读出示值，以此直线对准另一条（任意或相邻的）干涉条纹峰顶的中心线，读出示值，两次读数的差就是条纹间距。为减小误差，可测多点取平均值（$N \geqslant 3$），得到 $b_{平均} = \dfrac{b_1 + b_2 + b_3}{3}$。

（9）测量干涉条纹弯曲量 a。在测量条纹间距时，在视场中十字线的水平直线对准某条干涉条纹峰顶的中心线时，测微鼓轮有一个读数，转动测微鼓轮，再使十字线的水平直线对准同一干涉条纹谷底的中心线，测微鼓轮也有一个读数，两次读数的差就是干涉条纹弯曲量。在取样长度范围内测取同一干涉条纹所有高峰中最高的一个峰和所有低谷中最低的一个谷，它们的示值差为 $a_{\max}$。

（10）轮廓最大高度 $Rz = \dfrac{a_{\max}}{b_{平均}} \cdot \dfrac{\lambda}{2}$ μm。采用白光时，$\lambda = 0.55$ μm。

（11）记录实验数据。

（12）实验完毕，整理现场，完成实验报告。

思考题

1. 为什么干涉显微镜的目镜测微器不需要确定分度值？
2. 干涉显微镜与光切显微镜有何区别？
3. 干涉条纹间距 b 和干涉条纹弯曲量 a 的大小对 Rz 有何影响？

实验 3.3　用 TR240 便携式表面粗糙度仪测量表面粗糙度

一、实验目的

（1）了解轮廓算术平均偏差 Ra 的测量方法。

（2）掌握 TR240 便携式表面粗糙度仪的测量原理和使用方法。

二、实验仪器及工作原理

1. 仪器简介

TR240 便携式表面粗糙度仪由主机、驱动器、传感器、支架等组成,可对多种零件表面的粗糙度进行参数评定,可测量平面、外圆柱面、内孔表面及轴承滚道等。该仪器具有测量范围大、性能稳定、精度高的特点。根据选定的测量条件计算相应的参数,测量结果可以数字和图形方式显示在液晶显示器上,也可以输出到打印机上;还可以连接计算机,计算机专用分析软件可直接控制测量操作并提供强大的高级分析功能。

主机的外形结构如图3.11所示,它由液晶对比度调节钮1、液晶显示屏2、驱动器连接插座3、电池仓4、功能键盘5、电源适配器插孔6、串行通信电缆接口7、充电指示灯8、快速充电指示灯9、液晶背光开关键10、主机开关键11、蜂鸣器12等部分组成。它是仪器的主体部分,用于控制传感器、驱动器工作,还可以进行数据采集,数据处理,结果显示。

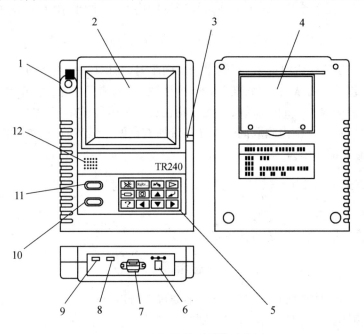

图 3.11　主机的外形结构示意图

主机的按键布局如图3.12所示,其功能如下:

▷ 测试运行　　包括各种测试参数设置,针位测试。

RqRz... 结果　　显示测试结果。

ᾟ 图形　　各种测试曲线的图形显示。

回 数据磁盘　　数据文件存储与调用。

⊡ 电池检测　　观察电池电压。

✕ 系统设置　　时钟设置,米、英制设置。

⌐?┐帮助　　显示在线帮助文本。

⌐↵┐回车　　配合专用功能键操作使用。

◄ ► ▲ ▼ 上下左右　　配合专用功能键使用,可完成光标数值的调整及滚屏显示。

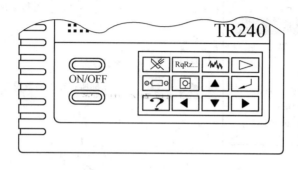

图 3.12　主机按键布局图

仪器的主要技术规格如下:

(1) 测量参数　　Ra、Rq、Rz、R_{3z}、Rt、Ry(ISO)、Ry(DIN)、Rm、Rp、Sm、S、Sk、Tp 等;

(2) 取样长度 L_r(mm)　　0.25、0.8、2.5;

(3) 评定长度 L_n　　3 ~ 5Cut _ off;

(4) 扫描长度 L_t　　5 ~ 7Cut _ off;

(5) 最大行程长度 l_{tmax}　　17.5(mm)/0.7(inch);

(6) 最小行程长度 l_{tmin}　　1.3(mm)/0.052(inch);

(7) 仪器示值误差　　±10%;

(8) 仪器示值变动性　　< 6%。

2. 工作原理

在传感器测杆的一端装有金刚石触针,触针尖端曲率半径 r 很小,测量时将触针搭在工件上,与被测表面垂直接触,利用驱动器以一定的速度拖动传感器。由于被测表面轮廓峰谷起伏,触针在被测表面滑行时,将产生上下移动。此运动经支点使磁芯同步上下运动,从而使包围在磁芯外面的两个差动电感线圈的电感量发生变化,这样就将位移信号转变成电信号,并被输出。

三、实验步骤

(1) 了解仪器的结构和原理。

(2) 清洗干净被测工件表面。

(3) 调整传感器与被测试件成水平,并保证触针与工件表面垂直;测量方向与工件表面加工纹理方向垂直。

(4) 开机测试。按下(ON/OFF)键,屏幕显示如图 3.13 所示。

① 打开主机,选择参数取样长度、评定长度、扫描长度等。在选择取样长度时要根据

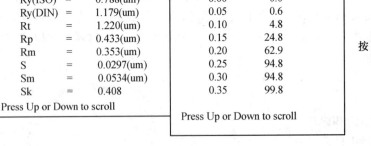

图 3.13　调整过程示意图

被测表面粗糙度值的大小,本机配有三种取样长度分别是 0.25、0.8、2.5 mm,对应的 Ra 值为 0.02 ~ 0.1 μm、0.1 ~ 2.0 μm、2.0 ~ 12.5 μm。

②调整触针的位置,应在标尺 0 的附近(上下一个格)。

（5）测量。

按下测量键,传感器移动,开始采集数据,并把采集的数据进行处理。

（6）考虑测量的准确性,应在工件的不同部位测量 3 次,读数结果记录实验报告。

（7）实验完毕,整理现场,完成实验报告。

思考题

1. TR240 便携式表面粗糙度仪能检查的表面粗糙度参数有哪些?

2. 比较光切法、干涉法、针描法的优缺点。

3. 针描法测得实际轮廓与触针尖端半径、几何形状有何联系?

实验 4　锥度测量

实验 4.1　用正弦规测量圆锥塞规

一、实验目的

(1) 熟悉正弦规测量圆锥塞规的原理及操作方法。
(2) 掌握间接测量的数据处理及误差合成。

二、实验仪器及工作原理

1. 实验仪器简介

正弦规(正弦尺)的结构如图 4.1 所示,由正弦规主体 1、圆柱体 2、前挡板 3 和侧挡板 4 组成。正弦规主体 1 上表面为工作面,下方固定有两个直径相等且互相平行的圆柱体 2,它们下母线的公切面与上工作面平行,两个圆柱体之间的中心距有 100 mm、200 mm 两种规格。在主体侧面和前面分别装有可供被测件定位用的侧挡板 4 和前挡板 3,它们分别垂直和平行于两圆柱的轴心线。正弦规分窄型($L \times B = 100 \times 25$ 或 200×40)和宽型($L \times B = 100 \times 80$ 或 200×150)两种,其精度等级为 0 级和 1 级。在宽型正弦规主体 1 上有一系列的螺纹孔,用来夹紧各种形状的工件。正弦规一般用于测量小于 45° 的角度,在测量

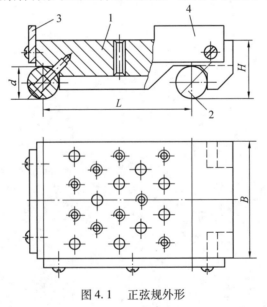

图 4.1　正弦规外形

小于 30° 的角度时,精确度可达 3″ ~ 5″。仪器主要技术规格见表 4.1。

表 4.1　仪器主要技术规格

中心距 L/mm	100	200
两圆柱中心距 L 的公差 /μm	± 3	± 5
两圆柱公切面与工作面的平行度 /μm	2	3
两圆柱的直径公差 /μm	3	3

2. 工作原理

正弦规是根据正弦函数原理进行测量的,如图 4.2 所示,测量时应根据被测圆锥的公称圆锥角 α 和正弦规两圆柱间的中心距 L,按下式计算出量块组的尺寸 h(也可从表 4.2 中查得), $h = L\sin\alpha$。将 h 组合的量块组垫在正弦规一端圆柱下面,如果被测圆锥的实际圆锥角等于 α,则该圆锥的上素线必与平板

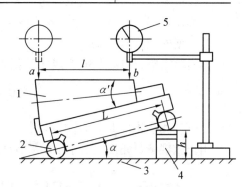

图 4.2　正弦规测量锥度

工作面平行,即指示表在上素线两端 a、b 两点的示值相同,否则指示表在 a、b 两点的示值不同,分别为 N_a、N_b,这时圆锥角偏差 $\Delta\alpha = \dfrac{(N_b - N_a)}{L} \times 2 \times 10^5$。

表 4.2　锥度与量块组高度对应关系

锥度符号		锥度 C	圆锥角 2α	量块组高度	
				L = 100 mm	L = 200 mm
公	4	0.05	2°51′51″	4.996 8	9.993 6
制	6				
莫	0	0.052 05	2° 58′ 54″	5.201 4	10.402 8
	1	0.049 88	2° 51′ 26″	4.984 8	9.969 6
	2	0.049 96	2° 51′ 41″	4.991 8	9.983 6
	3	0.050 20	2° 52′ 32″	5.016 8	10.033 6
	4	0.051 94	2° 58′ 31″	5.190 4	10.380 8
氏	5	0.052 63	3° 0′ 53″	5.259 3	10.518 6
	6	0.052 14	2° 59′ 12″	5.210 4	10.420 8
公	80				
	100				
	120				
	140	0.05	2° 51′ 51″	4.996 8	9.993 6
	160				
制	200				

三、实验步骤

（1）根据被测圆锥塞规的标号，从手册中查出标准锥度值，算出量块组的尺寸。

（2）按量块组尺寸组装量块。

（3）擦净平台、正弦规及被测圆锥塞规，将圆锥塞规放在正弦规上，并将组装好的量块组放在锥度量规小端的正弦规圆柱下面。

（4）在被测圆锥塞规上选取一定的长度，并在两端点处做出记号（a、b）。

（5）移动表架，使指示表测出 a、b 两点高度值。重复三次，取平均值。

（6）数据处理，计算 $\Delta\alpha$。

（7）实验完毕，整理现场，完成实验报告。

思考题

1. 正弦规测量锥度时，为什么可用精度很低的钢板尺来测量 a、b 两点之间的距离？

2. 用正弦规测量角度，被测角的大小对测量精度是否有影响？

实验 4.2　用工具显微镜测量内锥度

一、实验目的

（1）熟悉工具显微镜测量内锥度的原理及操作方法。

（2）了解测量结果的误差分析方法。

二、实验仪器及工作原理

1. 实验仪器简介

工具显微镜分为小型、大型、万能和重型等几种形式。工具显微镜具有较高的测量精度，适用于长度和角度的测量；同时由于配备有多种附件，其使用范围得到充分的扩大。仪器可用影像法、轴切法、直角坐标法或极坐标法对机械工具或机械零、部件的长度、角度和形状进行测量，主要的测量对象有：刀具、量具、模具、样板、螺纹和齿轮类工件等。在测量锥度（角度）时，一般采用绝对测量方法；但当测量的锥度（角度）精度较高时，则采用相对测量方法。

2. 工作原理

工具显微镜工作原理如图 4.3 所示。工具显微镜测量内锥度时，将锥体在平工作台上定位，并将锥体的大端朝上。利用光学测孔器测量孔径的方法，在锥孔内靠近大端处用光学测孔器的测头瞄准两边孔壁，测得工作台在纵向的位移量 L_1，即内锥在该点（大端）的直径。然后在内锥定位基面下面垫上一个一定尺寸的量块 H，使光学测孔器的测头接近内锥的小端，同样测出工作台在纵向的位移量 L_2，该点为内锥小端的直径。

内锥体锥度值 C 为

$$C = (L_1 - L_2)/H$$

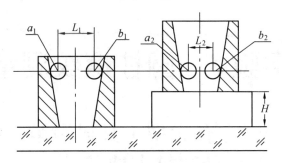

图 4.3　工具显微镜测量内锥度的原理

三、实验步骤

（1）熟悉仪器的结构原理。

（2）根据被测内锥的长度选择量块的尺寸,量块尺寸应尽量使光学测孔器测头伸入并接近内锥锥孔的小端,但不能使光学测孔器的主体接触到锥体的上端面。

（3）把光学测孔器固定在显微镜的 3 倍物镜上（配套使用）。

（4）将内锥套、量块清洁干净。

（5）把内锥套在平工作台上定位,并将锥体的大端朝上。

（6）测量。

通过移动工作台和升降手轮,使测头与锥孔的一面接触并尽量靠近锥体大端(注意测头的工作方向),测头被触动后,即有一双线分划在显微镜视场中出现,转动光学测孔器上的滚花环使分划清晰。如分划方向与目镜的十字分划不一致,可松开光学测孔器与物镜的连接环调整。借助工作台移动,使测头与孔接触,使双线分划对称处于目镜分划线的两侧,此时在纵向测微鼓轮有读数。转动纵向测微鼓轮移动工作台,同时调整光学测孔器测头的工作方向(与刚才相反方向),使测头与被测孔的另一面接触,同样在纵向测微鼓轮有读数。两次读数的差就是该点的直径 $L_1 = |a_1 - b_1|$ 。

在内锥体定位基面下面垫上一个一定尺寸的量块,再重复上述过程,就可测得内锥小端的直径 $L_2 = |a_2 - b_2|$ 。

（7）记录数据并处理。

（8）实验完毕,清理现场,完成实验报告。

思考题

1. 光学测孔器有哪些用途?

2. 选择量块组的尺寸时要注意哪些问题?

实验 5　圆柱螺纹测量

实验 5.1　在大型工具显微镜上测量外螺纹主要参数

一、实验目的

（1）了解工具显微镜的测量原理及结构特点。
（2）掌握用大型工具显微镜测量外螺纹中径、牙型半角和螺距的方法。

二、实验仪器及工作原理

1. 实验仪器简介

工具显微镜用于测量螺纹量规、螺纹刀具、齿轮、齿轮滚刀、形状样板、孔间距及坐标值等,分为小型、大型、万能和重型四种形式。它们的测量精度和测量范围及附件虽各不相同,但基本原理相似。下面以大型工具显微镜为例,阐述用影像法测量外螺纹中径、牙型半角和螺距的方法。

仪器的主要技术规格如下:

长度测量分度值　　0.01 mm
角度测量分度值　　1′
工作台转动范围　　0°～360°
纵向移动　　0～150 mm
横向移动　　0～50 mm
显微镜立柱倾斜范围　　±12°

图 5.1 为大型工具显微镜的外形图,它主要由目镜 1、角度读数目镜光源 2、微镜筒 3、顶尖座 4、圆工作台 5、横向千分尺手轮 6、底座 7、圆工作台转动手轮 8、调整量块 9、纵向千分尺手轮 10、立柱倾斜手轮 11、支座 12、立柱 13、悬臂 14、锁紧螺钉 15、升降手轮 16 和千分尺 6、10 等部分组成。立柱倾斜手轮 11 可使立柱绕支座左右摆动,转动千分尺 6 和 10 可使工作台纵、横向移动,转动手轮 8 可使圆工作台绕轴心线旋转。

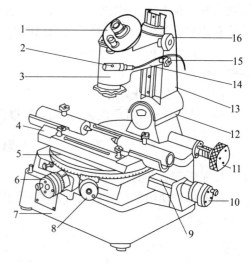

图 5.1　大型工具显微镜外形图

2. 工作原理

仪器的光学系统如图 5.2 所示。由主光
源 1 发出的光经聚光镜 2、滤光片 3、透镜 4、
光阑 5、反射镜 6、透镜 7 和玻璃工作台 8，将
被测工件 9 的轮廓经物镜 10、反射棱镜 11 投
射到目镜的焦平面 13 上，从而在目镜 15 中观
察到放大的轮廓影像。也可用反射光源(需
用反射照明灯)照亮被测工件，工件表面上
的反射光线，经物镜 10、反射棱镜 11 投射到
目镜的焦平面 13 上，同样在目镜 15 中观察到
放大的轮廓影像。通过反光镜 12，把角度读

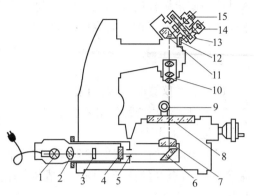

图 5.2　仪器的光学系统

数目镜光源产生的光，反射照亮角度固定游标，其角度数值可通过角度读数目镜 14 读
出。

图 5.3(a) 为仪器的目镜外形图，它由玻璃分划板、中央目镜、角度读数目镜、反射镜
和手轮等组成。目镜的结构原理如图 5.3(b) 所示，从中央目镜可观察到被测工件的轮廓
影像和分划板的米字刻线(见图 5.3(c))，从角度读数目镜中，可以观察到分划板上 0° ～
360° 的度值刻线和固定游标分划板上 0′ ～ 60′ 的分值刻线(见图 5.3(d))。转动手轮，可
使刻有米字刻线和度值刻线的分划板转动，它转过的角度可从角度读数目镜中读出。当

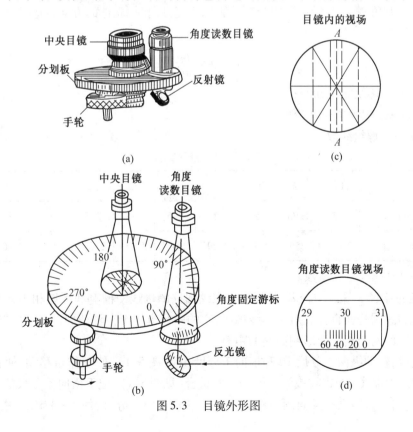

图 5.3　目镜外形图

该目镜中固定游标的零刻线与度值刻线的零位对准时,则米字刻线中 A—A(中虚线)面正好垂直于仪器工作台的纵向移动方向。

三、实验步骤

(1)熟悉仪器的结构原理。

(2)将工件小心地安装在两顶尖之间,拧紧顶尖的固紧螺钉;同时,将圆工作台刻度对准零位,接通电源。

(3)用调焦筒(仪器专用附件)调节主光源1(见图5.2),旋转主光源外罩上的三个调节螺钉,直至灯丝位于光轴中央成像清晰,则表示灯丝已位于光轴上并在聚光镜2的焦点上。

(4)根据被测螺纹尺寸,从仪器说明书中查出适宜的光阑直径,然后调好光阑的大小。

(5)旋转立柱倾斜手轮11(见图5.1),按被测螺纹的螺旋升角 ψ 调整立柱13的倾斜度。

(6)调整目镜1(见图5.1)上的视读调节环,使米字刻线和度值的分值刻线清晰。松开锁紧螺钉15(见图5.1),旋转升降手轮16,调整仪器的焦距,使被测轮廓影像清晰(若要求严格,可用专用的调焦棒在两顶尖中心线的水平面内调焦),然后,旋紧锁紧螺钉15。

(7)调整立柱倾角,为了使轮廓影像清晰,需将立柱13(见图5.1)顺着螺旋线方向倾斜一个螺旋升角 ψ,在测量过程中当螺纹影像改变方向时,立柱的方向也应随之改变。其值按下式计算也可以查表5.1求得,即

$$\tan \psi = \frac{np}{\pi d_2}$$

式中　　p——螺纹螺距,mm;
　　　　d_2——螺纹中径理论值,mm;
　　　　n——螺纹线数。

表 5.1　立柱倾斜角 ψ

螺纹外径 d/mm	10	12	14	16	18	20	22	24	27	30
螺距 p/mm	1.5	1.75	2	2	2.5	2.5	2.5	3	3	3.5
立柱倾斜角	3°01′	2°56′	2°52′	2°29′	2°47′	2°27′	2°13′	2°27′	2°10′	2°17′

(8)测量螺纹主要参数。

① 测量中径。螺纹中径 d_2 是指通过螺纹圆柱的母线使槽宽和牙厚相等并和螺纹轴线同心的假想圆柱面直径。对于单线螺纹,它的中径也等于在轴截面内,沿着与轴线垂直的方向量得的两个相对牙形侧面间的距离。

测量时,转动纵向千分尺10和横向千分尺6(见图5.1),使工作台移动,使目镜中的 A—A 虚线(中虚线)与螺纹投影牙形的一侧重合(见图5.4),记下横向千分尺的第一次读数。然后,将显微镜立柱反向倾斜螺旋升角 ψ,转动横向千分尺,使 A—A 虚线(中虚线)与

对面牙形轮廓重合(见图5.4),记下横向千分尺第二次读数。两次读数之差,即为螺纹的实际中径。为了消除被测螺纹安装误差的影响,需测 $d_{2左}$ 和 $d_{2右}$,取两者的平均值作为实际中径,即

$$d_{2实} = \frac{d_{2左} + d_{2右}}{2}$$

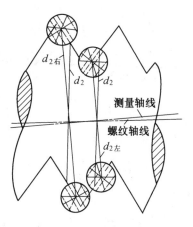

图5.4 中径测量示意图

②测量螺距。为了使轮廓影像清晰,测量螺距时,同样要使立柱倾斜一个螺旋升角 ψ。螺距 p 是指相邻两牙在中线上对应两点间的轴向距离。

测量时,转动纵向和横向千分尺,使工作台移动,利用目镜中的 A—A 虚线(中虚线)与螺纹投影牙型的一侧重合,记下纵向千分尺第一次读数。然后,移动纵向工作台,使牙型纵向移动 n 个螺距的长度,以同侧牙型与目镜中的 A—A 虚线(中虚线)重合,记下纵向千分尺第二次读数。两次读数之差,即为 n 个螺距的实际长度(见图5.5)。

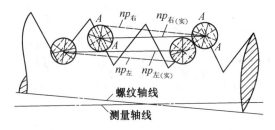

图5.5 螺距测量示意图

为了消除被测螺纹安装误差的影响,同样要测量出 $np_左$ 和 $np_右$,取它们的平均值作为螺纹 n 个螺距的实际尺寸,即

$$np_实 = \frac{np_左 + np_右}{2}$$

n 个螺距的累积偏差为

$$\Delta p_n = np_实 - np$$

③测量牙型半角。为了使轮廓影像清晰,测量牙型半角时,要使立柱倾斜一个螺旋升角 ψ。螺纹牙型半角 $\frac{\alpha}{2}$ 是指在螺纹轴向截面内,牙型侧面与轴线的垂线间的夹角。

测量时,转动纵向和横向千分尺并调节手轮(见图5.3(a)),使目镜中的 A—A 虚线(中虚线)与螺纹投影牙形的某一侧面重合(见图5.6)。此时,角度读数目镜中显示的读数,即为该牙型半角数值。

在角度读数目镜中,当角度读数为0°0′时,则表示 A—A 虚线(中虚线)垂直于工作台纵向轴线,如图5.7(a)所示。当 A—A 虚线(中虚线)与被测螺纹牙形边对准时,如图5.7(b)所示,得该半角的数值为

$$\frac{\alpha_{右}}{2} = 360° - 330°4' = 29°56'$$

同理,当 A—A 虚线与被测螺纹牙形另一边对准时,如图 5.7(c) 所示,则得另一半角的数值为

$$\frac{\alpha_{左}}{2} = 30°8'$$

为了消除被测螺纹的安装误差的影响,需分别测出 $\frac{\alpha}{2}$(Ⅰ)、$\frac{\alpha}{2}$(Ⅱ)、$\frac{\alpha}{2}$(Ⅲ)、$\frac{\alpha}{2}$(Ⅳ),并按下述方式处理,即

$$\frac{\alpha_{右}}{2} = \frac{\frac{\alpha}{2}(Ⅰ) + \frac{\alpha}{2}(Ⅲ)}{2}$$

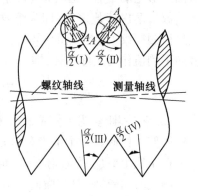

图 5.6　牙形半角测量示意图

$$\frac{\alpha_{左}}{2} = \frac{\frac{\alpha}{2}(Ⅱ) + \frac{\alpha}{2}(Ⅳ)}{2}$$

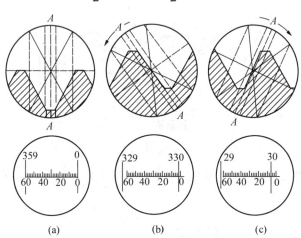

图 5.7　角度目镜示意图

将它们与牙形半角公称值($\frac{\alpha}{2}$)比较,则得牙形半角偏差为

$$\Delta \frac{\alpha_{左}}{2} = \frac{\alpha_{左}}{2} - \frac{\alpha}{2}$$

$$\Delta \frac{\alpha_{右}}{2} = \frac{\alpha_{右}}{2} - \frac{\alpha}{2}$$

$$\Delta \frac{\alpha}{2} = \frac{\left| \Delta \frac{\alpha_{左}}{2} \right| + \left| \Delta \frac{\alpha_{右}}{2} \right|}{2}$$

(9) 根据被测外螺纹的技术要求,按照泰勒原则判断其合格性。

(10) 实验完毕,整理现场,完成实验报告。

思考题

1. 用影像法测量螺纹时,立柱为什么要倾斜一个螺旋升角 ψ?
2. 用工具显微镜测量外螺纹的主要参数时,为什么测量结果要取平均值?

实验 5.2　用三针法测量外螺纹中径

一、实验目的

(1) 了解杠杆千分尺的结构与原理。
(2) 掌握三针法测量外螺纹中径的原理。
(3) 掌握数据处理的方法。

二、实验仪器及工作原理

1. 仪器简介

杠杆千分尺结构如图 5.8 所示,主要由外径千分尺的微分头部分及杠杆测微机构组成。仪器的主要技术规格如下:

量程 /mm	精度 /mm
0 ~ 25	0.001
25 ~ 50	0.001
50 ~ 75	0.001
75 ~ 100	0.001

杠杆测微机构由移动的测砧和内置的刻度盘指示表组成,由按钮操作可使量砧回缩,量砧的位移量通过指示表读出,指示表盘能够转动(调零),其上装有两个活动指针,用于调整公差范围。在使用时注意以下问题:

图 5.8　杠杆千分尺结构

(1) 测量前应首先校对微分筒零位和杠杆指示表的零位。0 ~ 25 mm 杠杆千分尺可使用两测量面接触直接进行校对,25 mm 以上的杠杆千分尺用 0 级调整棒或用 4 等量块来校对零位。

(2) 杠杆千分尺直接测量是将工件正确置于杠杆千分尺量砧与测微螺杆之间,调节微分筒使表盘上指针有适当示值,并应拨动拨叉几次,示值必须稳定,此时,由千分尺微分筒的读数加上表盘上的读数即为工件实际尺寸。

(3) 杠杆千分尺比较测量可用量块作标准调整杠杆千分尺,使测微杠杆指针位于零位,紧固微分筒后,在指示表上读数,可避免微分筒示值误差的影响,提高测量精度。

(4) 成批测量应按被测工件的公称尺寸调整杠杆千分尺示值(可用量块调整),然后,根据公差要求转动公差带指杆调整节螺钉,调节公差带。测量时,只需观察指针是否在公差带范围内即可确定工件是否合格。

（5）测量曲面间或刃面间的距离,应摆动杠杆千分尺或被测工件,在指针的返折处读数。

2. 工作原理

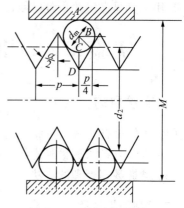

三针法测量外螺纹中径是一种间接测量螺纹中径的方法,是测量螺纹中径比较精密的方法。测量时,将三根精度很高、直径相同的量针放在被测螺纹的牙槽中,如图5.9所示,用测量外尺寸的计量器具如杠杆千分尺、机械比较仪、光学比较仪、测长仪等测量出尺寸 M;再根据被测螺纹的螺距 p、牙形半角 $\frac{\alpha}{2}$ 和量针直径 d_m,计算出螺纹中径 d_2。由图5.9可知

图5.9　三针法测量原理

$$d_2 = M - 2AC = M - 2(AD - CD)$$

而
$$AD = AB + BD = \frac{d_m}{2} + \frac{d_m}{2\sin\frac{\alpha}{2}} = \frac{d_m}{2}\left(1 + \frac{1}{A\sin\frac{\alpha}{2}}\right)$$

$$CD = \frac{p\cos\frac{\alpha}{2}}{4}$$

将 AD 和 CD 值代入上式,得

$$d_2 = M - d_m\left(1 + \frac{1}{\sin\frac{\alpha}{2}}\right) + \frac{p}{2}\cos\frac{\alpha}{2}$$

对于公制螺纹,$\alpha = 60°$,则

$$d_2 = M - 3d_m + 0.866p$$

式中　　d_2——螺纹实际中径;

　　　　M——测量值;

　　　　d_m——量针直径;

　　　　p——螺距;

　　　　$\frac{\alpha}{2}$——牙型半角。

测量时,为了减少螺纹牙形半角偏差对测量结果的影响,应选择合适的量针直径,该量针与螺纹牙形的切点恰好位于螺纹中径处,此时所选择的量针直径 d_m 为最佳量针直径。由图5.10可知

$$d_m = \frac{p}{2\cos\frac{\alpha}{2}}$$

对于公制螺纹,$\alpha = 60°$,则

$$d_m = 0.577\ 35p$$

在实际工作中,如果成套的三针中没有所需的最佳量针直径时,可选择与最佳量针直径相近的三针来测量。

量针的精度分成0级和1级两种:0级用于测量中径公差为 $4 \sim 8$ μm的螺纹塞规;1级用于测量中径公差大于 8 μm的螺纹塞规或螺纹工件。

测量 M 值所用的计量器具的种类很多,通常根据工件的精度要求来选择。本实验采用杠杆千分尺来测量(见图5.11),具体方法如下:

活动量砧2的移动量由指示表7读出。测量前将尺体5装在尺座上,然后校对千分尺的零位,使固定分度套筒3、活动分度套筒4和指示表7的示值都分别对准零位。测量时,当被测螺纹放入或退出两个量砧之间时,必须按下右侧的按钮8使量砧离开,以减少量砧的磨损。在指示表7上装有两个指标线6,用来确定被测螺纹中径上、下偏差的位置,以提高测量效率。

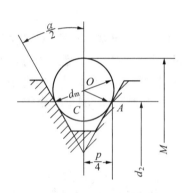

图5.10 最佳量针直径计算示意图

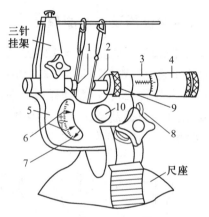

图5.11 杠杆千分尺测量示意图
1— 固动量砧;2— 活动量砧;3— 固定分度套筒;4— 活动分度套筒;5— 尺体;6— 指标线;7— 指示表;8— 量砧开启按钮;9— 活动量砧锁紧环

三、实验步骤

(1)熟悉仪器的结构与原理。

(2)根据被测螺纹的螺距,查表或计算并选择最佳量针直径 d_m。

(3)在尺座上安装好杠杆千分尺和三针。

(4)擦净仪器和被测螺纹,校正仪器零位。

(5)按图5.11位置将三针放入螺纹牙槽中,旋转杠杆千分尺的活动分度套筒4,使两端测量头1、2与三针接触,然后读出尺寸 M 的数值。

(6)在同一截面相互垂直的两个方向上测出尺寸 M,并按平均值用公式计算螺纹中径,然后判断螺纹中径的适用性。

(7)实验完毕,整理现场,完成实验报告。

思考题

1. 影像法与三针法测量外螺纹中径各有何优缺点?

2. 用三针法测得的中径是否是作用中径?

3. 用三针法测量螺纹中径的方法属于哪一种测量方法? 为什么要选用最佳量针直径?

实验 5.3　　用螺纹千分尺测量外螺纹中径

一、实验目的

(1) 熟悉测量外螺纹中径的原理。

(2) 掌握用螺纹千分尺测量外螺纹中径的方法。

二、实验仪器及工作原理

螺纹千分尺的结构如图 5.12 所示。它的构造与外径千分尺基本相同,只是在测量砧和测量头上装有特殊的测量头 1 和 2,用它来直接测量外螺纹的中径。螺纹千分尺的分度值为 0.01 mm,测量前,用尺寸样板 3 来调整零位。每对测量头只能测量一定螺距范围内的螺纹,使用时根据被测螺纹的螺距大小,按螺纹千分尺附表选择,测量时由螺纹千分尺直接读出螺纹中径的实际尺寸。

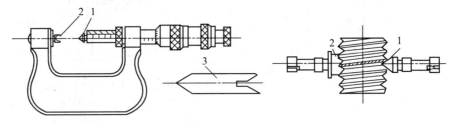

图 5.12　　螺纹千分尺的结构图

三、实验步骤

(1) 熟悉仪器的结构与原理。

(2) 根据被测螺纹的螺距,选取一对测量头。

(3) 擦净仪器和被测螺纹,校正螺纹千分尺零位。

(4) 将被测螺纹放入两测量头之间,找正中径部位。

(5) 分别在同一截面相互垂直的两个方向上测量螺纹中径,它们的平均值作为螺纹实际中径,然后判断被测螺纹中径的适用性。

(6) 实验完毕,整理现场,完成实验报告。

思考题

1. 用螺纹千分尺测量不同螺距的螺纹时,为什么需要换测头?

实验 6　圆柱齿轮测量

实验 6.1　齿轮单个齿距偏差和齿距累积总偏差的测量

一、实验目的

（1）了解齿距仪的工作原理和使用方法。

（2）学会用相对法测量齿轮的齿距误差。

（3）掌握用相对法测量齿距的数据处理方法，正确理解齿距偏差和齿距累积总偏差的实际含义及其对齿轮传动精度的影响。

二、实验仪器及工作原理

1. 实验仪器简介

齿距（周节）仪结构简单，操作方便，故使用较为广泛。它常用于检验 7 级及低于 7 级精度的内外啮合直齿、斜齿圆柱齿轮的齿距偏差（对内啮合齿轮其直径要求较大）。

仪器的主要技术规格如下：

测量范围　　模数为 2 ~ 16 mm

指示表示值范围　　0 ~ 1 mm

分度值　　0.001 mm

如图 6.1 所示，单个齿距偏差 f_{pt} 是指在分度圆上，实际齿距与公称齿距之差；齿距累积总偏差 F_p 是指在分度圆上，任意两个同侧齿廓间的实际弧长与公称弧长的最大差值，亦即最大正偏差（$F_{p\,max}$）与最大负偏差（$F_{p\,min}$）的代数差，即

$$F_p = F_{p\,max} - F_{p\,min}$$

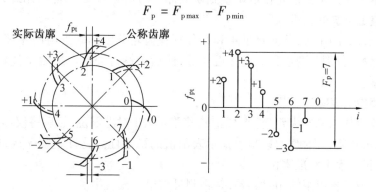

图 6.1　齿距偏差与齿距累积偏差

2. 仪器结构与工作原理

用相对法测量齿距误差的仪器有齿距(周节)检查仪和万能测齿仪。图 6.2 为齿距(周节)检查仪外形图,其采用相对法测量,即先以一个齿距为基准,对其他齿距进行比较,从而得到相对齿距偏差,再由该偏差计算单个齿距偏差和齿距累积总偏差。

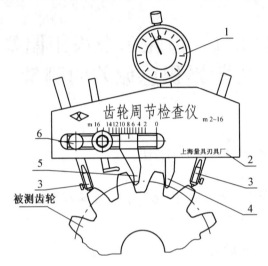

图 6.2　齿轮齿距(周节)检查仪外形图

1— 指示表;2— 仪器主体;3— 定位杆;4— 活动量爪;5— 固定量爪;6— 锁紧螺钉

根据被测齿轮模数调整仪器的固定量爪 5 并用螺钉锁紧,调整定位杆 3 使测量头 4 位于齿高中部的同一圆周上并与两同侧齿面相接触,且指示表 1 压缩一圈左右锁紧螺钉 6,旋转表盘使指针对零,以此实际齿距作为基准齿距。逐齿测量其他齿距相对基准齿距之差,此差值即为相对齿距偏差。列表记入读数。

三、实验步骤

(1) 了解仪器的结构和原理。

(2) 调整测量爪的位置。

将固定量爪 5 按被测齿轮模数调整到模数标尺的相应刻线上,然后用螺钉 6 固紧。

(3) 调整定位脚的相对位置。

调整定位杆 3 的位置,使测量爪 4 和 5 分别在齿轮分度圆附近与两相邻同侧齿面接触,并使两接触点分别与两齿顶距离接近相等,然后用螺钉固紧。最后调整辅助定位脚,并用螺钉固紧。

(4) 调节指示表零位。

以任一齿距作为基准齿距(注上标记),将指示表 1 对准零位,然后将仪器测量爪稍微移开轮齿,再重新使它们接触,以检查指示表示值的稳定性。这样重复 3 次,待指示表稳定后,再调节指示表 1 对准零位。

(5) 逐齿测量各齿距的相对偏差,并将测量结果计入表中。

(6) 实验完毕,整理现场,完成实验报告。

四、数据处理

用相对法测量齿距总偏差和单个齿距偏差的数据处理方法有计算法和作图法两种。

1. 计算法

以表 6.1 为例,进行说明。

表 6.1

齿序	齿距相对偏差 $f_{pt相对}$	齿距相对累积偏差 $\sum_{i=1}^{n} f_{pt相对i}$	单个齿距偏差 f_{pt}	齿距累积总偏差 F_p
1	0	0	+4	+4
2	+5	+5	+9	+13
3	+5	+10	+9	+22
4	+10	+20	+14	(+36)
5	-20	0	-16	+20
6	-10	-10	-6	+14
7	-20	-30	-16	-2
8	-18	-48	-14	-16
9	-10	-58	-6	-22
10	-10	-68	-6	(-28)
11	+15	-53	(+19)	-9
12	+5	-48	+9	0
计算结果	$K = \dfrac{\sum\limits_{i=1}^{n} f_{pt相对i}}{n} = \dfrac{-48}{12} = -4\ (\mu m)$		$f_{pt} = +19\ \mu m$	$F_p = 36 - (-28) = 64\ (\mu m)$

(1) 将测得的每个齿的齿距相对测量基准的偏差值 $f_{pt相对}$ 即读数值记入表 6.1 中。将读数值累积相加得到 $\sum_{i=1}^{n} f_{pt相对i}$,求出修正值 K,即

$$K = \frac{\sum\limits_{i=1}^{n} f_{pt相对i}}{n} = \frac{-48}{12} = -4\ (\mu m)$$

若 $\sum_{i=1}^{n} f_{pt相对i}$ 能被齿数 n 整除(即 K 为正整数),则齿距偏差 f_{pt} 累积到最后一齿时,其值应为零;若不能被齿数 n 整除,K 可取为整数,则最后一齿的齿距累积总偏差将不为零。为此,应将 $\sum_{i=1}^{n} f_{pt相对i}/n$ 的余数分配到原始数据中,对数据进行修正,然后,再进行计算就能使最后一齿的累积值为零。

（2）计算单个齿距偏差 f_{pt}，找出绝对值最大的偏差值，即

$$f_{pt} = + 19 \ \mu m$$

（3）计算齿距累积总偏差 F_p，即最大值与最小值之差

$$F_p = F_{pmax} - F_{pmin} - = 36 - (-28) = 64 \ （\mu m）$$

2. 作图法

以横坐标表示齿序，纵坐标表示齿距相对累积偏差值，选择适当比例后，绘出如图 6.3 所示曲线。过坐标原点与最后一点连一直线，此线即为计算齿距累积总偏差的基线。取距此基线上、下两最远点距离之和即为齿距累积总偏差 F_p；取相邻两点的最大距离即为单个齿距偏差 f_{pt}。仍用上列数据，亦可得 $F_p = 36 - (-28) = 64 \ （\mu m）$；$f_{pt} = + 19 \ \mu m$。

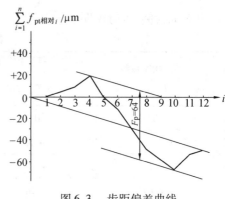

图 6.3　齿距偏差曲线

思考题

1. 测量齿轮单个齿距偏差和齿距累计总偏差的目的是什么？

2. 用相对法测量齿距时，指示表是否一定要调零？

实验 6.2　　齿轮齿圈径向跳动量的测量

一、实验目的

（1）学会在齿轮跳动检查仪上测量齿轮的齿圈径向跳动量。

（2）加深理解齿圈径向跳动量对齿轮传动精度的影响。

二、实验仪器及工作原理

1. 实验仪器简介

齿轮跳动检查仪是一种多用途的测量仪器，可供检查有中心孔的圆柱、圆锥表面和端面、6 级或 6 级以下精度有中心孔的带轴内外啮合圆柱齿轮、圆锥齿轮和蜗轮蜗杆等的径向跳动或端面跳动量。

仪器的主要技术规格如下：

测量范围　模数 1 ～ 6 mm

最大直径　300 mm

指示表示值范围　0 ～ 1 mm

分度值　0.001 mm

2. 工作原理

齿圈径向跳动量 F_r 是指齿轮在一转范围内,测量头在齿槽内或在轮齿上与齿高中部双面接触,测量头相对于齿轮轴线径向位移的最大变动量,如图 6.4 所示,它主要反映齿轮运动误差中因基圆的几何偏心所引起的径向误差分量。测量时以齿轮轴线为基准,将测量头插入齿槽,逐齿进行测量,从指示表上读数,其最大读数与最小读数之差即为齿圈径向跳动误差。

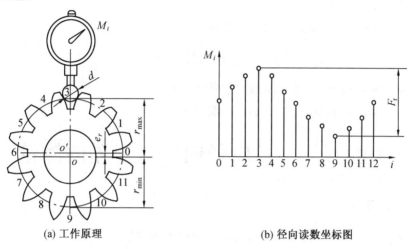

(a) 工作原理   (b) 径向读数坐标图

图 6.4   齿圈径向跳动测量

3. 仪器结构

齿轮跳动检查仪外形如图 6.5 所示,它由底座 1、滑板 2、手轮 3、锁紧螺钉 4 和 5、顶针架 6、升降螺母 7、测量支架 8、手柄 9、千分表 10、立柱 11、固紧螺钉 12 等部分组成。

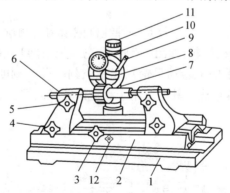

图 6.5   齿轮跳动检查仪外形图

三、实验步骤

(1)熟悉仪器的结构与原理。

(2)根据被测齿轮的模数选取适当直径的球形测量头安装于指示表 10 的测杆下端。

(3)将被测齿轮安装在仪器的两顶尖之间使其能转动且无轴向窜动。

（4）转动手轮 3、移动滑板 2 使齿轮位于指示表 10 的下方。

（5）向前搬动手柄 9 使测量头进入被测齿槽，松开立柱背后的锁紧手轮，转动升降螺母 7 使测量支架 8 下移至测量头与齿槽接触，使指示表指针压缩 1～2 圈，然后将立柱背后的锁紧手轮锁紧，转动表盘使指示表指针对零。

（6）抬起手柄 9 将被测齿轮转过一个齿，然后放下手柄 9 使测量头进入齿槽内，记下指示表的示值，逐齿测量所有的齿槽，从所有示值中找出最大示值与最小示值，它们的差值即为齿轮齿圈径向跳动误差。

（7）实验完毕，整理现场，完成实验报告。

思考题

1. 齿轮齿圈径向跳动反映齿轮哪项精度指标？
2. 齿轮齿圈径向跳动能用什么评定指标代替？

实验 6.3　　齿轮径向综合误差的测量

一、实验目的

（1）熟悉齿轮双面啮合综合检查仪的工作原理和测量方法。

（2）加深理解齿轮径向综合总偏差 F_i'' 和一齿径向综合偏差 f_i'' 的定义及其对齿轮传动精度的影响。

二、实验仪器及工作原理

1. 实验仪器简介

3102 型齿轮双面啮合综合检查仪是一种纯机械结构的测量仪器，以测量带轴圆柱齿轮为主，亦可测量带孔圆柱齿轮，如图 6.6 所示，它由记录器 1、指示表 2、测量齿轮 3、被测齿轮 4、固定滑座 5、销紧手柄 6、转动手轮 7、底座 8、刻度尺 9、刻度尺游标 10、浮动滑座 11、偏心器 12、平头螺钉 13 等组成。其主要用于测量齿轮径向综合总偏差 F_i'' 和一齿径向综合偏差 f_i''。

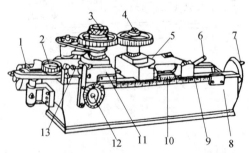

图 6.6　齿轮双面啮合综合检查仪外形图

仪器的主要技术规格如下：

测量范围

　　　　检查带轴圆柱齿轮时　　齿轮轴长度 110 ~ 350 mm　　模数 1 ~ 10 mm

　　　　检查带孔圆柱齿轮时　　两心轴中心距 50 ~ 320 mm

指示表示值范围　　0 ~ 10 m　　分度值 0.01 mm

2. 工作原理

　　齿轮双面啮合综合检查仪是测量径向综合总偏差和一齿径向综合偏差的仪器，其测量原理是将被检验的齿轮（被测齿轮）与测量齿轮（二级以上高精度齿轮）无侧隙双面啮合时在被测齿轮一转范围内，双啮中心距最大变动量（一转的变动量、一齿的变动量）。径向综合误差主要反映齿轮几何偏心所引起的长周期径向综合误差外，也包含了基节偏差和齿型误差等短周期误差的影响，用来评定齿轮的运动精度。一齿径向综合偏差是指被测齿轮在径向（双面）综合检验时，对应一个齿距角（360/z）的径向综合偏差值，主要反映齿轮工作平稳性精度的项目。

三、实验步骤

　　（1）熟悉仪器的结构与原理。

　　（2）将被测齿轮 4 安装在固定滑座 5 上，测量齿轮 3 安装在移动滑座 11 上 。

　　（3）转动手轮 7 使被测齿轮与测量齿轮双面啮合。

　　（4）机动或用手轻轻转动被测齿轮一周，记下指示表的最大变动量，此变动量即是齿轮一转范围内的径向综合总偏差 F_i''。将齿轮转过一个齿距角，用上述同样的方法可得出一齿径向综合偏差 f_i''。

　　（5）实验完毕，整理现场，完成实验报告。

思考题

　　1. 齿轮双面啮合综合检查仪测量的优点和缺点是什么？

　　2. 改变两齿轮相对起始位置，其记录曲线有何变化？其测量结果是否相同？

实验 6.4　　齿轮公法线长度的测量

一、实验目的

（1）熟悉公法线千分尺和公法线指示规的结构和使用方法。

（2）加深对齿轮公法线长度变动量与公法线平均长度偏差的理解。

二、实验仪器及工作原理

1. 实验仪器简介

测量齿轮公法线的量具和仪器种类很多，其中常用的有公法线千分尺、公法线指示规和万能测齿仪等,本实验采用车间中最常用的公法线千分尺。

公法线千分尺的外形如图6.7所示,它由套筒1、标尺2、锁紧手柄3、活动测头4、弓形架5、固定测头6、棘轮7等部分组成。它的结构、使用方法和读数方法与外径千分尺相同,仅测头部分安装了两个盘形平面测头,以便能伸进齿间进行测量。

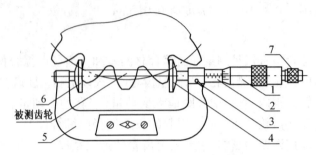

图6.7　公法线千分尺外形图

仪器的主要技术规格如下:

测量范围　　25 ～ 50 mm

分度值　　　0.01 mm

2. 工作原理

公法线长度变动量 ΔF_{W} 是指在齿轮一周范围内,实际公法线长度的最大值与最小值之差,它反映了齿轮加工中切向误差引起的齿距分布不均匀性,故可用于评定齿轮的运动准确性。公法线平均长度偏差 ΔE_{bn} 是指在齿轮一周范围内,公法线长度平均值与公称值之差,它反映齿厚减薄量,用于控制齿轮齿侧间隙。

渐开线齿轮的公法线长度是指跨过 n 个齿、与两个异侧齿面相切的两平行平面间的距离 W_{k}。因此,测量公法线长度时,为消除压力角误差对测量结果的影响,必须使千分尺两平面测头与齿廓的接触点落在分度圆上或在其附近,因此要选择合适的跨齿数。

公法线长度公称值 W_{k} 及测量跨齿数 n 的计算式如下:

$$W_{\mathrm{k}} = m\cos \alpha \left[\pi(n - 0.5) + z\operatorname{inv} \alpha \right] + 2\xi m\sin \alpha$$

$$n = z \cdot \frac{\alpha}{180°} + 0.5$$

当 $\alpha = 20°, \xi = 0$ 时

$$W_{\mathrm{k}} = m\left[1.476 \times (2n - 1) + 0.014z \right]$$

式中　　m——模数;

　　　　z——齿数;

　　　　n——跨齿数;

　　　　ξ——变位系数;

　　　　α——齿轮的基本齿廓角;

　　　　inv——渐开线函数,当 inv 20° = 0.014 时,测量跨齿数 $n = \dfrac{z}{9} + 0.5$。

为了使用方便,对于 $\alpha = 20°, m = 1$ 的标准直齿圆柱齿轮,按以上有关公式计算出 W_{k} 和 n,列于表6.2。

表 6.2　$\alpha = 20°$、$m = 1$ mm 的标准直齿圆柱齿轮的公法线长度公称值 W_k

z	n	W_k/mm	z	n	W_k/mm	z	n	W_k/mm
17	2	4.666 3	29		10.738 6	40		13.844 8
18		7.632 4	30		10.752 6	41		13.858 8
19		7.646 4	31		10.766 6	42	5	13.872 3
20		7.660 4	32	4	10.780 6	43		13.886 8
21		7.674 4	33		10.794 6	44		13.900 8
22	3	7.688 4	34		10.808 6			
23		7.702 4	35		10.822 6	45		16.867 0
24		7.716 5				46		16.881 0
25		7.730 5	36		13.788 8	47	6	16.895 0
26		7.744 5	37		13.802 8	48		16.909 0
27	4	10.710 6	38		13.816 8	49		16.923 0
28		10.724 6	39		13.830 8	50		16.937 0

注:对于其他模数的齿轮,则将表中 W_k 乘以模数

三、实验步骤

(1)熟悉仪器的结构与原理。

(2)按被测齿轮齿数 z、模数 m 和基本齿廓角 α(压力角)计算被测齿轮的公法线长度公称值 W_k 和测量跨齿数 n(或查表6.2)。

(3)无论用公法线指示规或用公法线千分尺测量,测量前都应校正仪器零位。

(4)按跨齿数 n 沿齿圈均布测量6条公法线长度,并将测得数据依次填入实验报告中。

(5)根据公法线长度变动量 ΔF_W 定义,计算 ΔF_W,即

$$\Delta F_W = W_{kmax} - W_{kmin}$$

(6)根据公法线平均长度偏差 ΔE_{bn} 定义,计算 ΔE_{bn},即

$$\Delta E_{bn} = W_{k平} - W_{k理}$$

(7)根据公法线平均长度的上偏差 E_{bns}、下偏差 E_{bni} 和公法线长度变动量公差 F_W,判断被测齿轮上述指标的合格性。

合格性条件为
$$\Delta F_W \leqslant F_W$$
$$E_{bni} \leqslant \Delta E_{bn} \leqslant E_{bns}$$

其中,对于外啮合齿轮
$$E_{bns} = E_{sns}\cos \alpha - 0.72F_r\sin \alpha$$
$$E_{bni} = E_{sni}\cos \alpha + 0.72F_r\sin \alpha$$

式中　E_{sns}——齿厚上偏差;

　　　E_{sni}——齿厚下偏差;

　　　F_r——齿圈径向跳动公差。

(8)实验完毕,整理现场,完成实验报告。

思考题

1. 公法线平均长度的偏差 ΔE_{bn} 和公法线长度变动公差 ΔF_W 各评定齿轮哪项精度指标?
2. 为什么公法线长度变动只反映齿轮运动偏心?

实验 6.5　齿轮齿厚偏差的测量

一、实验目的

（1）熟悉齿厚游标卡尺的结构并掌握使用方法。
（2）了解测量齿厚偏差的目的。

二、实验仪器及工作原理

1. 实验仪器简介

齿厚测量可用齿厚游标卡尺测量,也可用光学测齿卡尺测量,本实验采用齿厚游标卡尺测量齿厚偏差,如图 6.8 所示,它由固定量爪 1、高度定位尺 2、垂直游标尺高度板 3、水平游标尺 4、活动量爪 5、游标框架 6、调整螺母 7 等部分组成。齿厚游标卡尺的分度值为 0.02 mm,可测模数为 1 ~ 26 mm 的齿轮。齿厚游标卡尺由互相垂直的两个游标尺组成,测量时以齿轮顶圆作为测量基准。垂直游标尺用来控制弦齿高,水平游标尺用来测量齿厚,其原理和读数方法与普通游标卡尺相同。

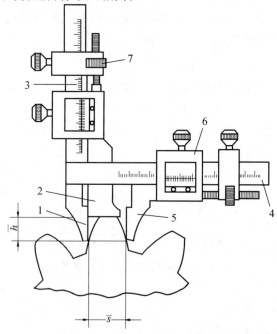

图 6.8　齿轮游标卡尺测分度圆齿厚

2. 工作原理

齿厚偏差 E_s 是指齿轮分度圆柱面上实际齿厚与公称齿厚之差,控制齿厚的目的是为了保证获得一定的齿侧间隙。测量时,对所需数据标准直齿圆柱齿轮分度圆弦齿高公称值 $\bar{h}$ 与弦齿厚公称值 $\bar{s}$ 可用下列公式计算,即

$$\bar{h} = m\left[1 + \frac{z}{2}\left(1 - \cos\frac{90°}{z}\right)\right]$$

$$\bar{s} = mz\sin\frac{90°}{z}$$

为了使用方便,按公式计算出模数为 1 mm 的各种不同齿数的齿轮分度圆弦齿高和弦齿厚的公称值列于表 6.3。

对于变位直齿圆柱齿轮,其模数为 m,齿数为 z,基本齿廓角为 α,变位系数为 x,则分度圆弦齿高公称值 $\bar{h}$ 和弦齿厚公称值 $\bar{s}$ 按下式计算,即

$$\bar{h} = m\left\{1 + \frac{z}{2}\left[1 - \cos\left(\frac{\pi + 4x\tan\alpha}{2z}\right)\right]\right\}$$

$$\bar{s} = mz\sin\left(\frac{\pi + 4x\tan\alpha}{2z}\right)$$

表 6.3　$m = 1$ mm 时分度圆弦齿高公称值 $\bar{h}$ 和弦齿厚公称值 $\bar{s}$

齿数 z	$\bar{h}$/mm	$\bar{s}$/mm	齿数 z	$\bar{h}$/mm	$\bar{s}$/mm
17	1.036 2	1.568 6	34	1.018 1	1.570
18	1.034 2	1.568 8	35	1.017 6	1.570 2
19	1.032 4	1.569 0	36	1.017 1	1.570 3
20	1.030 8	1.569 2	37	1.016 7	1.570 3
21	1.029 4	1.569 4	38	1.016 2	1.570 3
22	1.028 1	1.569 5	39	1.015 8	1.570 4
23	1.026 8	1.569 6	40	1.015 4	1.570 4
24	1.025 7	1.569 7	41	1.015 0	1.570 4
25	1.024 7	1.569 8	42	1.014 7	1.570 4
26	1.023 7	1.569 8	43	1.014 3	1.570 5
27	1.022 8	1.569 9	44	1.014 0	1.570 5
28	1.022 0	1.570 0	45	1.013 7	1.570 5
29	1.021 3	1.570 0	46	1.013 4	1.570 5
30	1.020 5	1.570 1	47	1.013 1	1.570 5
31	1.019 9	1.570 1	48	1.012 9	1.570 5
32	1.019 3	1.570 2	49	1.012 6	1.570 5
33	1.018 7	1.570 2	50	1.012 3	1.570 5

三、实验步骤

（1）熟悉仪器的结构与原理。

（2）计算齿轮顶圆公称直径 d_a 和分度圆弦齿高公称值 $\bar{h}$、弦齿厚公称值 $\bar{s}$（或从表6.3 中查取）。

（3）首先用外径千分尺测量出齿轮顶圆实际直径 $d_{a实际}$。按 $\left[\bar{h} - \dfrac{1}{2}(d_a - d_{a实际})\right]$ 的 数值调整齿厚卡尺的垂直游标尺，然后将其游标加以固定。

（4）将齿轮卡尺置于被测齿轮上，使垂直游标尺的高度板与齿顶可靠接触，然后移动 水平游标尺的量爪，使之与齿面接触，从水平游标尺上读出弦齿厚实际值 $\bar{s}_{实际}$。这样依次 对圆周上均布的几个齿进行测量。测得的齿厚实际值 $\bar{s}_{实际}$ 与齿厚公称值 $\bar{s}$ 之差即为齿厚 偏差 ΔE_{sn}。

（5）合格性条件为

$$E_{sni} \leqslant \Delta E_{sn} \leqslant E_{sns}$$

（6）实验完毕，整理现场，完成实验报告。

思考题

1. 测量齿轮齿厚的目的是什么？

2. 齿轮齿厚偏差 ΔE_{sn} 可用什么评定指标代替？

实验 7　典型机械零件精度检测

实验 7.1　典型机械零件精度设计及检测

要求学生根据典型机械零件的精度要求及实验室现有的实验仪器、设备,自行进行精度设计,确定测量方案并独立完成所选零件的精度检测,同时了解零件的简单加工工艺。为此学生要熟悉典型机械零件的相关质量标准与技术规范,查阅相应标准,确定有关尺寸的公差;阅读零件图纸,了解加工方法,明确检测项目;掌握实验室现有的仪器、设备状况、检测条件等硬性指标,从而确定一个经济的、合理的、满足条件的检测设计方案。

一、实验目的

(1)掌握机械零件精度检测方法。

(2)加深理解测量的一些基本概念。

(3)掌握通用测量器具及仪器的使用方法和注意事项。

(4)了解轴套类零件简单加工工艺。

二、主要仪器设备简介(实验未涉及的设备)

1.万能测长仪

(1)仪器用途及结构。

万能测长仪主要用于各种圆柱形、球形、平行平面等精密零件的外形及内孔尺寸的直接测量和比较测量,也可进行内外螺纹中径等特殊测量,是各级计量室中必备的基本长度计量仪器之一。

其原理为直接把测件与精密玻璃刻度尺做比较,然后利用补偿式读数显微镜观察刻度尺并读数。玻璃刻度尺固定在测体上,因其在纵向轴线上,故刻度尺在纵向上的移动量完全与试件的长度一致,而此移动量可在显微镜中读出。

(2)技术参数。

① 使用范围。外尺寸测量:0 ~ 500 mm;内尺寸测量:1 ~ 200 mm;外螺纹测量:≤ 180 mm;内螺纹测量:16 ~ 140 mm。

② 直接测量范围:0 ~ 100 mm。

③ 读数显微镜分度值:0.001 mm。

④ 仪器误差。外尺寸测量:$\pm(1 + L/200)\,\mu m$;内尺寸测量:$\pm(1.5 + L/200)\,\mu m$;示值稳定性:$\leqslant 0.4\,\mu m$。

（3）测量方法。

① 用双测钩测量孔径。

ⅰ. 根据被测孔大小、厚度选取测钩等附件。安装双测钩，调整尾架、尾管和测座的适当位置并固定，转动尾管轴微调手轮，观察测钩测头上的两球心连线与测体运动方向是否一致。

ⅱ. 根据被测孔大小选取标准环规，清洗工作台、环规，把标准环规置于工作台上且环规上标记方向与测量方向一致，用压板固定。

ⅲ. 上升工作台，使双测钩测头进入环规，利用重锤施加一定的测量力，横向移动工作台，在显微镜内寻找一个最大值，即最大拐点处，然后再扳动手柄使工作台做左右倾斜从而寻找一个最小值，即最小拐点处，记下读数 N_1。

ⅳ. 取下标准环规，换上被测工件，按步骤 ⅲ 同样可记下被测环规读数值 N_2。

ⅴ. 根据被测孔径等于标准孔径 $D_标$ 与两读数差之和，计算被测孔径 $B_测$，计算公式为

$$B_测 = D_标 + (N_2 - N_1)$$

ⅵ. 做好结束工作，将所有的用具清洗干净、上油，放回原处。

② 用"电眼"装置测量孔径。

当被测孔径为 $\phi1 \sim \phi20$ mm 时，就必须用较小的测钩，但在一定的测力下，小测钩的变形较大，给测量带来了误差。因此，在测试中通常用"电眼"装置来测量。

测量时用绝缘工作台上的电眼装置（即调谐指示管）来进行，将已知其精确尺寸的球测头固定在测量臂上，测量臂则固定在测量体上，被测件用压板固定在绝缘工作台上，绝缘工作台用一根导线接于电源的负极上。电眼装于仪器后面插入被测孔内，当测头与孔臂接触时，电路导通，工作台的负电位被加到调谐指示管的栅极上，光屏闪耀面积增大，当测球在被测孔直径方向上移动，并与孔左、右臂接触时（以电眼开始闪耀为接触），在读数显微镜上读取 N_1 和 N_2，则被测孔径的直径为测球直径加读数差值，即

$$D_测 = d_球 + (N_2 - N_1)$$

具体方法如下：

i. 先调整绝缘工作台上的水准器，调到水平位置。

ii. 把被测件固定在绝缘工作台的适当位置上，升降工作台使测头进入被测孔高的二分之一处，横向移动工作台，直到测头碰到工件，记下测头与工件两次接触的横向读数（以电眼开始闪耀为接触）A_1、A_2，然后取其 $A = (A_1 + A_2)/2$ 作为弦中直径所在方向，将横向读数放在 A 的大小界，这时测得的左右位置即在被测孔的直径方向上。

iii. 通过微动装置移动测杆，使测球先后与孔的左右两臂刚接触，即电眼闪耀时，在读数显微镜上读取 N_1、N_2。

iv. 根据 $D_测 = d_球 + (N_2 - N_1)$，算出被测孔径。

2. 万能工具显微镜

（1）用途。

万能工具显微镜可以除作长度测量外，还可作角度、轮廓和极坐标测量等。主要测量对象有刀具、量具、模具、样板、螺纹和齿轮类零件等。

（2）主要技术参数。

万能工具显微镜的主要技术参数见表7.1。

表7.1 万能工具显微镜的主要技术参数

序号	技术参数		测量范围及分度值
1	X 向行程 Y 向行程	测量范围	$X - Y$ 向：200 mm × 100 mm
		分度值	19JC、19JPC 数显读数：0.000 5 mm
			投影读数：0.001 mm
2	瞄准显微镜	升降行程	120 mm
		立臂倾斜范围	左右各15度；分度值：10′
		照明光阑调节范围	$\phi 3 \sim \phi 32$ mm 分度值：1 mm
3	测角目镜、 轮廓目镜	角度测量范围	360°；分度值：1′
			±7°；分度值：10′
		圆弧分划板	曲率半径：$R = 0.1 \sim 100$ mm
		螺纹分划板	普通螺纹螺距：$T = 0.25 \sim 6$ mm
			梯形螺纹螺距：$T = 2 \sim 20$ mm
4	光学定位器	测头直径	$\phi(3 \pm 0.1)$ mm（实际直径值的极限 检定误差不大于 0.5 μm）
		测量力	$8 \sim 14$ g
		最大测量深度	15 mm
5	玻璃工作台	玻璃台面尺寸	215 × 130 mm
6	顶针架	最大夹持直径	$\phi 100$ mm
		最大夹持长度	被测件直径 ≤ 55 mm 时：750 mm
			被测件直径 > 55 mm 时：600 mm
7	高顶针架	最大夹持直径	$\phi 180$ mm
		最大夹持长度	600 mm
8	V 形架	左 V 形架前后调节范围	前后各 5 mm
		右 V 形架高低调节范围	向上 15 mm；向下 3 mm

（3）测量方法简介。

① 刀口法和轴切法。刀口法和轴切法是一种光学和机械综合的方法，主要测量螺纹的轴切面，这个方法也用于测量圆柱、圆锥和平的试件，因为调节误差极小不受外界影响。轴切法是利用中央显微镜的标记对通过测件轴心线并利用测量刀上的刻线进行瞄准定位的测量方法。应用这种方法的条件是试件要有光滑的、平直的测量面，用手把测量刀移到靠住试件，它在测量平面上与试件接触。对于圆形件，此测量平面与旋转轴相切，平行于刀口边缘的细线表示试件的轴切面。用角度测量目镜的基准刻线对准细线。未磨损

刀口的边缘与视场中通过十字线的对准轴线接触,在测量时不用考虑从细线到刀口边缘之间的距离,只有用磨损了的刀口测量时,才要求从量值中减去刀口的误差。注意工件边缘不光洁、倒角遮住等会影响测量精度。

需要注意的是:清除检验面上的灰尘和液体残迹;根据光隙检验刀口位置时,液体残迹会引起误差;垫板和仪器的顶尖高度是配好的,不可调错,使用前需清洗。

② 阴影法。阴影法是光学方法,它可以迅速地调节仪器来对准试件轮廓和比较形状。这个方法要求试件放在自下而上的光路中,并处在对准显微镜的清晰范围内,这样才能得到试件的阴影像。圆形工件的像是轴向平面的轮廓阴影,而平试件的阴影像决定于其边缘,应用旋转目镜和角度测量目镜上的刻线与阴影相切而测量。把试件的形状与自绘的图形比较时,可以用投影装置,使用双目观察。

③ 反射法。反射法和阴影法相似,也是光学接触法,反射法的特点是可以测量边缘和标记,例如,划线、样冲眼等;此法也可以用旋转目镜的刻线图形来比较形状。根据显微镜的清晰平面确定测量平面,这个方法主要用于平的试件。测量划线和样冲眼时用角度测量目镜,测量孔的边缘时用双像目镜,比较形状时用旋转目镜。

④ 测微杠杆法。测微杠杆法用于不能用光学方法对准测量的测量面,利用中央显微镜的标记对和紧靠测件测量点、线、面的万能工具显微镜的附件,即光学测孔器的测头连在一起的双刻线进行瞄准定位的测量方法。测量时将光学测孔器的测头紧靠测件(内、外)表面。当测量孔径时,首先使测头与测件内孔接触,取得最大弦长后,使米字线中间刻线被光学测孔器的双套线套在中间,并在读数显微镜读取数值;然后改变测量方向,使测头在另一侧与测件接触,同样使米字线分划板的中间刻线仍被光学测孔器的双套线套在中间,在读数显微镜上读取数值。两次读数的差,再加上测头直径的实际值,即为测件的内尺寸,如减去测头直径的实际值,即为测件的外尺寸。这里必须注意,在相对方向接触或接触曲面时测量头的直径也要包含在测量结果内。对于特殊的测量建议自制合适的接触杆。应用直径一定的球形测量头可以检验滚动曲线;尖的测量头可以在一定的测量面内检验螺旋面;刀口形测量头可以测量切面及只有两个坐标轴的空间曲线的投影。

(4)操作使用中的注意事项。

① 注意目镜和物镜的调焦顺序。若开始测量就用物镜调焦,当调好物体焦距后再用目镜中的"米"字线去进行对准测量,如果此时觉得"米"字线不够清晰,就会对目镜进行调焦。其实,这种顺序是错误的,因为这样会造成前面被调焦后的被测物体的影像存在一定的虚影。正确的方法是先将目镜中的"米"字线调清晰,然后再对物体调焦,这样才能保证"米"字线和物体的像均是清晰的。

② 注意在测量前清除被测件表面的毛刺和磕痕。被测件在加工、使用和运输过程中均可能产生一些毛刺和磕痕,这些缺陷可能不易被觉察,但在测量中容易引起万能工具显微镜的对线错误或造成测量面不在同一焦平面上而形成定的局部虚影,从而影响测量结果的准确性,所以一定要彻底清除这些表面毛刺和磕痕。

③ 注意正确安装被测件。

(5)万能工具显微镜上被测件的安装形式。

① 平面测件的安放。对于平面测件主要注意被测件的被测面应在同一焦平面上,否则容易形成局部虚影,对于被测面有倒角的零件,最好让倒角朝下,否则容易引起调焦不

清晰,造成测量不准。

② 轴类测件的安装。轴类测件一般依靠中心孔定位,这就要求安装前一定要清洗干净顶尖孔,特别是要消除其中的泥沙和毛刺,否则会造成被测件的轴心线与仪器中心线不同轴,从而带来较大的测量误差。这种情况在日常测量中经常会遇到,最好的方法是在安装好后用仪器分划板中的"米"字线的水平线检查被测轴外径的跳动误差,从而判断被测件是否安装好。

③ 测量螺纹零件时注意万能工具显微镜的立柱倾斜方向,测量螺纹中径、牙形半角时为使影像清晰一般会将万能工具显微镜的立柱向左或右倾斜一个螺旋角,且立柱的倾斜方向与被测件的螺旋方向要一致。当螺旋角较大时,通过观察影像的清晰程度很容易就能判断立柱倾斜方向与工件螺旋方向是否一致,但当工件螺旋角小于 1° 时对影像的影响很小,肉眼难以判断,经常造成立柱倾斜方向与工件螺旋角方向相反,从而使测得的工件左右两边的牙形半角不一致,给工件的加工造成很大困难。所以在测量前一定要根据工件图纸资料中注明的螺旋方向来正确判断立柱的倾斜方向。万能工具显微镜是采用光学成像投影原理,以测量被测工件的影像来代替对轴径的接触测量。

为了减小成像误差,最好是按仪器所附的最佳光圈直径表的参数调整光圈,否则会产生较大的测量误差,例如,测量一个直径 70 mm 的轴,光圈从 5 mm 变到 25 mm 时,此项误差由 + 6 μm 变到 − 72 μm。同时还应仔细调整显微镜焦距,使目镜内的成像达到最清晰。

在万能工具显微镜上用影像法测量圆柱体或螺纹工件时,测量前用定焦棒来调焦。在测量过程中,不能再进行二次调焦。测量时根据被测工件直径的大小,调整光圈大小,由于光圈调整不准确,对测量结果影响会很大。

【例 7.1】 直径为 $d = 22.365$ mm 的零件,在万能工具显微镜上用不同的光圈直径测量,每处瞄准测量 3 次,取平均值为每处测量结果。测量结果见表 7.2。

表 7.2 测量结果

光阑直径 /mm	8	12	16	20	24	28	32
测量值 D/mm	22.369	22.369	22.363	22.358	22.356	22.353	22.350
测量误差 /μm	+ 3	+ 4	− 7	9	− 12	− 15	− 15

从表 7.2 中可以看出光圈大小对测量结果的影响,随光圈的增大,误差由正变负,这说明光圈调整不准确,会给测量带来较大误差。所以,测量前必须按最佳光圈调整仪器,并且对于圆柱形零件和螺纹的测量,测量前必须调整。如果用直径较大的零件,重复做上述测量,会发现光圈值小时,测量值更准确。

每一台仪器的说明书都给出了最佳光圈值,在测量前可以参照给出的值调整光圈大小,但是仪器说明书所给出的光圈值,并不一定是所用仪器的最佳光圈值。所以在精密测量中,应该通过实验确定仪器的最佳光圈。

3. 测高仪

(1) 仪器性能及技术参数。

Spirit 测高仪如图 7.1 所示,测量范围可扩展至 870 mm。全新 8 mm 直径的测针支架设计,能兼容目前市场上通用的标准型测针。升级版操作系统及测量软件更加稳定可靠,测量数据直接显示在 6.4″ LCD 彩色大屏幕上。

↘ 一键直达测量功能

⏻	开关	⬡	高度测量
Σ	计算	⊘	孔径测量
PRINT	保存,打印报告	⊕	删除键
MENU	菜单	◁	角度测量
ESC	退出键	⚬	极值测量
▲	向上选择键	⌐	2D 功能
▼	向下选择键	▣	校准测针
◀	向左选择键	✳	公差设定
▶	向右选择键		单位转换
ENTER	回车(确认)键	▦	小数点设置
▣	参考点设置	▣	复位及清零

图 7.1　Spirit 测高仪

测高仪的规格型号与技术指标见表 7.3,主要特征如下:

① 全新设计的立柱、底座及测针支架,带来更高的精度和重复性。

② 升级版操作系统及测量软件,使用更加稳定。

③ 全新的可充电电池,提供 8 h 电力保障。

④ 运用广泛,可测量高度、深度、槽宽、内外孔径、最高点、最低点、平面度、角度等。

⑤ 任意位置清零,并可设置 4 个参考点。

⑥ 电机驱动,内置空气轴承。

⑦ 彩色大尺寸 LCD 控制面板。

⑧ 内置温度补偿,适合车间环境测量。

⑨ 内置气浮装置,方便移动。

⑩ 可手动快速移动,实现快速测量。

⑪ 可进行 2D 测量。

表 7.3　测高仪的规格型号与技术指标

型号	Spirit 300	Spirit 600
测量范围 /mm	300	600
拓展量程 /mm	570	870
测针架直径 /mm	$\phi 8$	
显示屏	彩色 LCD,6.4″	
电机最大速度 /(mm · s^{-1})	75	
驱动系统	电机驱动	
测量力 /N	1.5 ±0.5	
工作温度 /℃	10 ~ 30	
储存温度 /℃	－ 10 ~ 60	
防护等级	IP40	
显示单位	mm 或 in	
认证证书	工厂证书	
总高度 /mm	709	1 009
质量 /kg	20	22

（2）检测项目及方法介绍。

① 沟槽和肋板检测。当仪器启动并初始化后,在用户选择其他功能前,沟槽检测模式是仪器的第一个活动功能。这个功能即将进行检测一个点,用于检测高度、高度差等。沟槽和肋板检测按钮动作见表 7.4。

表 7.4　沟槽和肋板检测按钮动作

按键活动	当前活动模块	进入的模块
普通	沟槽检测模块	更换活动模块到肋板检测模块
普通	肋板检测模块	更改活动模块到沟槽检测模块
普通	沟槽或肋板检测之外的模块	更换活动模块到沟槽检测模块

活动模块可以从两个指示确认,如图 7.2 所示。

描述	沟槽检测	肋板检测
模块图标		
模块图片	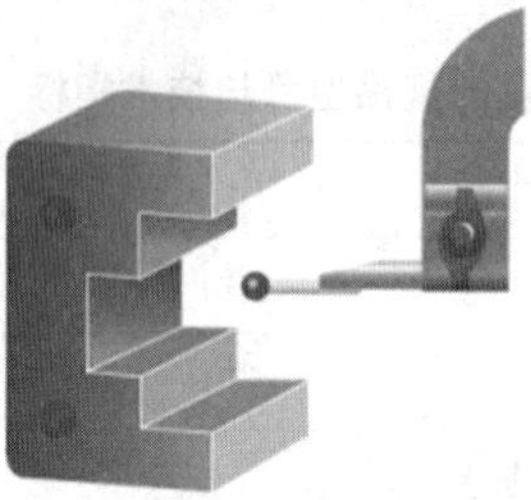	

图 7.2　沟槽和肋板检测的活动模块的两个指示确认

ⅰ.沟槽自动检测。将测针移动到沟槽中部后,只按一次 Enter 键即可,将自动向下移动,检测一个点后自动向上移动检测第二个点。

(注意:默认设置是按面板上的 Enter 键后,测针自动向下移动为第一个步骤。如果需要将向上检测点作为第一点,则再按一次 Enter 键,更改测针移动方向。)

沟槽检测完成,如下检测详细信息自动显示在检测结果清单里:低点、高点、两点间尺寸。

(注意:只有在进行单点检测时才能使用向上和向下键(无论是手柄上的快捷键还是面板上的按键)。如果需要计算两个检测点之间的距离,则必须使用控制面板上的 SUM 键,以便确认计算最后两个检测点间的距离。)

ⅱ.肋板自动检测。当把测针放置到要检测的肋板(凸缘)上方后,按 Enter 键就可以进行肋板检测。第一步是测针向下移动,进行第一个点检测,然后等待指令。这时需使用向上或者向下按键(面板上的或者手柄上的快捷键)将测针移动到肋板(凸缘)下方。当测针移动到位后,按 Enter 键,面板显示页面更换为向上移动页,测针自动向上,进行第二个点检测。

肋板(凸缘)检测完毕后,如下检测详细信息自动显示在检测结果清单里:上检测点、下检测点、两点间距离。

(注意:只有在进行单点检测时才能使用向上和向下键(无论是手柄上的快捷键还是面板上的按键)。如果需要计算两个检测点之间的距离,则必须使用控制面板上的 SUM 键,以便确认计算最后两个检测点间的距离。)

②孔和轴检测。该模块可以通过移动工件的方式,在测量面检测孔轴的最高和最低点。孔和轴检测按钮动作见表 7.5。

ⅰ.孔自动检测。将测针移动到孔内后,按面板上的 Enter 键,孔检测将自动执行。仪器首先向下移动,当接触到零件后,前后慢慢移动工件(测针垂直于孔平面)。一旦完成后,按 Enter 键,测针将向上移动,直到接触孔的另外一边,再次按之前操作移动零件。最后按 Enter 键,测针移动,离开孔的检测面,并停在孔中。

表 7.5　孔和轴检测按钮动作

按键活动	当前活动模块	进入的模块
普通	孔	更换活动模块到轴检测模块
普通	轴	更换活动模块到孔检测模块
普通	孔轴之外的模块	更换活动模块到轴检测模块

活动模块可以从两个指示确认,如图 7.3 所示。

描述	孔	轴
模块图标		
模块图片		

图 7.3　孔和轴检测的活动模块的两个指示确认

(注意:按系统默认设置,当按面板上的 Enter 键后,测针首先向下移动。如果需要先检测上面一点,则再次按 Enter 键,测针翻转检测方向。)

一旦孔检测完成,如下检测详细信息自动显示在检测结果清单里:最低点、最高点、孔径、孔中心高度。

(注意:只有在进行单点检测时才能使用向上和向下键(无论是手柄上的快捷键还是面板上的按键)。如果需要计算两个检测点之间的距离,则必须使用控制面板上的 SUM 键,以便确认计算最后两个检测点间的距离。)

ⅱ. 轴自动检测。将测针移动到轴上方后,按面板上的 Enter 键,轴检测将自动执行。仪器首先向下移动,当接触到零件后,前后慢慢移动工件。一旦前后移动足够距离后(测针垂直于轴平面),按 Enter 键。操作员使用面板或者手柄上的向上／向下键将测针移动到轴下方。当移动测针到位后,按面板上的 Enter 键,测针将向上移动,直到接触轴的检测面,再次按之前操作移动零件。最后按 Enter 键,结束轴检测。

按系统默认设置,当按面板上的 Enter 键后,测针首先向下移动。如果需要先检测上面一点,则再次按 Enter 键,测针翻转检测方向。

一旦轴检测完成,如下检测详细信息自动显示在检测结果清单里:最高点、最低点、轴径、轴中心高度。

(注意:只有在进行单点检测时才能使用向上和向下键(无论是手柄上的快捷键还是面板上的按键)。如果需要计算两个检测点之间的距离,则必须使用控制面板上的 SUM 键,以便确认计算最后两个检测点间的距离。)

三、典型零件简介

轴套组合体是机械设计及制造中常见的典型零部件,如图7.4所示,由锥套1、偏心套2、偏心轴3、螺纹套4组成。在精度设计中,不仅要对单个零件进行精度设计,也要考虑组装后总体尺寸情况,这样就要考虑对所有相关零件的有关尺寸的控制;有些尺寸的配合性质在装配图上已给出,要通过查阅有关的标准来确定相关尺寸的公差。同时,我们要根据零件的生产类型来确定检测手段,若是小批量生产应选用通用量具;若是大批量生产则考虑选用专用量具。

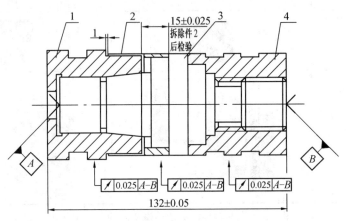

图 7.4 轴套组合体

需要检测的项目有组合体、锥套、偏心套、螺纹套、偏心轴,具体如下:

1. 组合体

组合体如图 7.4 所示,需要设计的检测方案有以下参数:

① 总体尺寸 132 ±0.05;

② 拆除偏心套 2 后检验的尺寸 15 ±0.025;

③ 三处径向跳动。

2. 锥套

锥套如图 7.5 所示,需要设计的检测方案有以下参数:

① 内孔 $\phi 31^{+0.025}_{0}$;

② 外圆 $\phi 52^{0}_{-0.019}$, $\phi 56^{0}_{-0.019}$;

③ 长度 52 ±0.037,10 ±0.045;

④1:5 锥度及其接触面积的检查;

⑤ $Ra = 1.6$ 四处的表面粗糙度。

3. 偏心套

偏心套如图 7.6 所示,需要设计的检测方案有以下参数:

① 偏心量 1 ±0.02;

② 圆度 0.019;

③ 外圆 $\phi 56^{0}_{-0.019}$;

④ 内孔 $\phi 54^{+0.03}_{0}$，$\phi 50^{+0.03}_{0}$；

⑤$Ra = 1.6$ 三处的表面粗糙度。

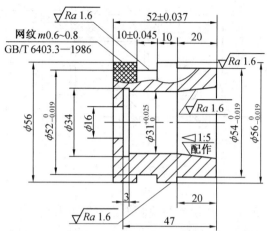

技术要求：1:5圆锥与偏心轴 3 配合，其接触面积大于 70%

图 7.5　锥套

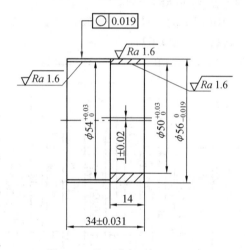

图 7.6　偏心套

4. 螺纹套

螺纹套如图 7.7 所示，需要设计的检测方案有以下参数：

① 外圆 $\phi 56^{0}_{-0.019}$，$\phi 52^{0}_{-0.019}$；

② 内孔 $\phi 44^{+0.025}_{0}$，$\phi 34^{+0.025}_{0}$；

③ 长度 55 ± 0.037，10 ± 0.045；

④ 螺纹 Tr30 × 10(P5)；

⑤$Ra = 1.6$ 五处的表面粗糙度。

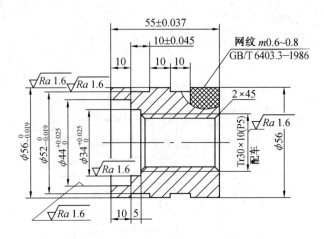

图 7.7　螺纹套

5. 偏心轴

偏心轴如图 7.8 所示,需要设计的检测方案有以下参数:

① 外圆 $\phi56_{-0.019}^{0}$,$\phi50_{-0.019}^{0}$,$\phi44_{-0.016}^{0}$,$\phi34_{-0.016}^{0}$,$\phi31_{-0.016}^{0}$,$\phi20 \pm 0.01$;

② 偏心量 1 ± 0.02;

③ 1∶5 锥度及其接触面积的检查;

④ 螺纹 Tr30 × 10(P5) 的外径、中经、半角、螺距;

⑤ 长度 125 ± 0.05,10 ± 0.02;

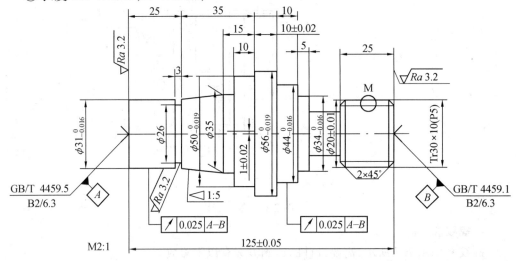

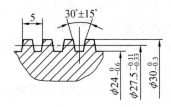

图 7.8　偏心轴

⑥ 两处径向跳动;

⑦Ra = 3.2 三处表面粗糙度的检测。

四、实验室常见仪器设备

1. 长度测量量具和仪器

（1）游标卡尺:测量范围 0 ~ 150 mm,0 ~ 200 mm,0 ~ 300 mm;分度值 0.02 mm。

（2）电子数显卡尺:测量范围 0 ~ 150 mm,0 ~ 200 mm,0 ~ 300 mm;分度值 0.01 mm。

（3）外径千分尺:测量范围 0 ~ 25 mm,25 ~ 50 mm,50 ~ 75 mm,75 ~ 100 mm;分度值 0.01 mm。

（4）杠杆千分尺:测量范围 0 ~ 25 mm,25 ~ 50 mm,50 ~ 75 mm,75 ~ 100 mm;分度值 0.001 mm。

（5）光学比较仪:测量范围 0 ~ 180 mm;分度值 0.001 mm。

（6）立式测长仪:测量范围 0 ~ 200 mm;分度值 0.001 mm。

（7）万能测长仪:测量范围,外尺寸 0 ~ 500 mm,内尺寸 10 ~ 200 mm;分度值 0.001 mm。

（8）大型工具显微镜:测量范围,纵向 0 ~ 150 mm,横向 0 ~ 50 mm;分度值 0.01 mm。

　　　　　　　　测角目镜测量范围 0 ~ 360°;分度值 1′。

　　　　　　　　圆工作台测量范围 0 ~ 360°;分度值 3′。

（9）万能工具显微镜:测量范围,纵向 0 ~ 200 mm,横向 0 ~ 100 mm;分度值 0.001 mm。

　　　　　　　　测角目镜测量范围 0 ~ 360°;分度值 1′。

　　　　　　　　光学分度台测量范围 0 ~ 360°;分度值 10″。

（10）电感测微仪:测量范围 0 ~ 100 mm;分度值 0.001 mm。

（11）各种表类:内径指示表 17 ~ 35 mm,35 ~ 50 mm,50 ~ 100 mm;分度值 0.01 mm。

　　　　　　内径千分表 17 ~ 35 mm,35 ~ 50 mm,50 ~ 100 mm;分度值 0.001 mm。

　　　　　　杠杆指示表 分度值 0.01 mm。

　　　　　　杠杆式机械比较仪 分度值 0.001 mm 等。

2. 表面粗糙度用的仪器

仪器有光切显微镜、干涉显微镜、电动轮廓仪和表面粗糙度检查仪等。

3. 圆度测量仪器

主要有光学分度头、圆度仪和动态波纹度仪等。

4. 其他仪器及附件

主要有径向跳动检查仪、摆差测定仪、自准直仪、投影仪、量块、角度量块、深度尺、角度尺、三针、正弦规、各种规格的标准 V 型块、检验用标准平台、磁力表架及移动表架等。

五、检测设计方案要求

（1）熟悉图纸的各项要求,了解各种配合尺寸的功用,了解零件加工方法。

（2）简单编排零件的加工工艺。

（3）确定你想要检测的参数。参照图纸给定的相关尺寸公差,确定其相关检测项目的公差值。熟悉实验室所有仪器设备的性能、技术参数、精度等级等技术指标。

（4）根据现有仪器设备确定检测用的量具和仪器。要求尽量用常用的量具和仪器,尽量减少检测成本。确定的检测方案须经老师检查确定是否合理后才能进行下一个程序。

（5）了解你所选择的仪器设备的使用方法、测量原理、注意事项等,要达到独立操作的能力。对于贵重的仪器设备,要在老师的指导下进行操作。

（6）对相关参数进行检测并记录在检测报告中。

（7）检测完毕整理现场,完成检测报告的编写。

附录 1

IT6~IT12 级工作量规制造公差和通规位置要素值 （摘自 GB/T 1957—2006）

μm

工件基本尺寸 D、d/mm	IT6 孔或轴的公差值	IT6 T_1	IT6 Z_1	IT7 孔或轴的公差值	IT7 T_1	IT7 Z_1	IT8 孔或轴的公差值	IT8 T_1	IT8 Z_1	IT9 孔或轴的公差值	IT9 T_1	IT9 Z_1	IT10 孔或轴的公差值	IT10 T_1	IT10 Z_1	IT11 孔或轴的公差值	IT11 T_1	IT11 Z_1	IT12 孔或轴的公差值	IT12 T_1	IT12 Z_1
≤3	6	1.0	1.0	10	1.2	1.6	14	1.6	2.0	25	2.0	3	40	2.4	4	60	3	6	100	4	9
3~6	8	1.2	1.4	12	1.4	2.0	18	2.0	2.6	30	2.4	4	48	3.0	5	75	4	8	120	5	11
6~10	9	1.4	1.6	15	1.8	2.4	22	2.4	3.2	36	2.8	5	58	3.6	6	90	5	9	150	6	13
10~18	11	1.6	2.0	18	2.0	2.8	27	2.8	4.0	43	3.4	6	70	4.0	8	110	6	11	180	7	15
18~30	13	2.0	2.4	21	2.4	3.4	33	3.4	5.0	52	4.0	7	84	5.0	9	130	7	13	210	8	18
30~50	16	2.4	2.8	25	3.0	4.0	39	4.0	6.0	62	5.0	8	100	6.0	11	160	8	16	250	10	22
50~90	19	2.8	3.4	30	3.6	4.6	46	4.6	7.0	74	6.0	9	120	7.0	13	190	9	19	300	12	26
70~120	22	3.2	3.8	35	4.2	5.4	54	5.4	8.0	87	7.0	10	140	8.0	15	220	10	22	350	14	30
120~180	25	3.8	4.4	40	4.8	6.0	63	6.0	9.0	100	8.0	12	160	9.0	18	250	12	25	400	16	35
180~250	29	4.4	5.0	46	5.4	7.0	72	7.0	10.0	115	9.0	14	185	10.0	20	290	14	29	460	18	40
250~315	32	4.5	5.6	52	6.0	8.0	81	8.0	11.0	130	10.0	16	210	12.0	22	320	16	32	520	20	45
315~400	36	5.4	6.2	57	7.0	9.0	89	9.0	12.0	140	11.0	18	230	14.0	25	360	18	36	570	22	50
400~500	40	6.0	7.0	63	8.0	10.0	97	10.0	14.0	155	12.0	20	250	16.0	28	400	20	40	630	24	55